新手学
Photoshop CC

Adobe™

龙马高新教育◎编著

快 1200张图解轻松入门 **学会**
好 70个视频扫码解惑 **完美**

U0201452

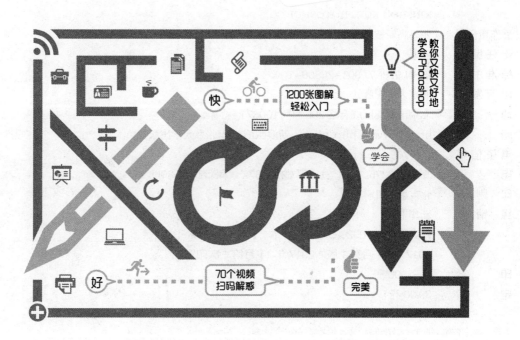

1200张图解
轻松入门

快

学会

70个视频
扫码解惑

好

完美

教你又快又好地
学会Photoshop

北京大学出版社
PEKING UNIVERSITY PRESS

内 容 提 要

本书通过精选案例引导读者深入学习，系统介绍了Photoshop CC的相关知识和应用方法。

全书共11章。第1～2章主要介绍快速掌握Photoshop CC、图像的基本操作等；第3～9章主要介绍Photoshop CC的制作技巧，包括选区抠图、图像的绘制与修饰、图层及图层样式的应用、蒙版与通道的应用、矢量工具与路径使用技巧、文字编辑与排版技巧及滤镜的使用技巧等；第10～11章主要介绍Photoshop CC的高级应用方法，包括Photoshop CC在照片处理中的应用及Photoshop CC在艺术设计中的应用等。

本书不仅适合Photoshop CC的初、中级用户学习使用，也可以作为各类院校相关专业学生和计算机培训班学员的教材或辅导用书。

图书在版编目（CIP）数据

新手学 Photoshop CC / 龙马高新教育编著 . -- 北京：北京大学出版社，2017.11
ISBN 978-7-301-28806-1

Ⅰ . ①新… Ⅱ . ①龙… Ⅲ . ①图象处理软件—基本知识 Ⅳ . ① TP391.413

中国版本图书馆 CIP 数据核字 (2017) 第 240269 号

书　　　名	新手学 Photoshop CC
	XINSHOU XUE PHOTOSHOP CC
著作责任者	龙马高新教育 编著
责 任 编 辑	尹 毅
标 准 书 号	ISBN 978-7-301-28806-1
出 版 发 行	北京大学出版社
地　　　址	北京市海淀区成府路 205 号　100871
网　　　址	http://www. pup. cn　　　新浪微博：@ 北京大学出版社
电 子 信 箱	pup7@ pup. cn
电　　　话	邮购部 62752015　发行部 62750672　编辑部 62580653
印 刷 者	北京富生印刷厂
经 销 者	新华书店
	787 毫米 ×1092 毫米　16 开本　18 印张　366 千字
	2017 年 11 月第 1 版　2017 年 11 月第 1 次印刷
印　　　数	1—3000 册
定　　　价	39.00 元

Photoshop 是由 Adobe 公司开发的图像处理软件,使用其众多的编修与绘图工具,可以有效地进行图片编辑工作。本书从实用的角度出发,结合实际应用案例,模拟了真实的图像处理方法,介绍 Photoshop CC 的基础知识及使用方法与技巧,旨在帮助读者全面、系统地掌握 Photoshop CC 在图像处理行业的应用。

读者定位

本书系统详细地讲解了 Photoshop CC 的相关知识和应用技巧,适合有以下需求的读者学习。

※ 对 Photoshop CC 一无所知,或者在某方面略懂、想学习其他方面的知识。

※ 想快速掌握 Photoshop CC 的某方面应用技能,如抠图、修图、合成、特效……

※ 在 Photoshop CC 使用的过程中,遇到了难题不知如何解决。

※ 想找本书自学,在以后工作和学习过程中方便查阅知识或技巧。

※ 觉得看书学习太枯燥、学不会,希望通过视频课程进行学习。

※ 没有大量时间学习,想通过手机进行学习。

※ 担心看书自学效率不高,希望有同学、老师、专家指点迷津。

本书特色

➜ 简单易学,快速上手

本书以丰富的教学和出版经验为底蕴,学习结构切合初学者的学习特点和习惯,模拟真实的工作学习环境,帮助读者快速学习和掌握。

➜ 图文并茂,一步一图

本书图文对应,整齐美观,所有讲解的每一步操作,均配有对应的插图和注释,以便于读者阅读,提高学习效率。

➥ 痛点解析，清除疑惑

本书每章最后整理了学习中常见的疑难杂症，并提供了高效的解决办法，旨在解决在工作和学习问题的同时，巩固和提高学习效果。

➥ 大神支招，高效实用

本书每章提供有一定质量的实用技巧，满足读者的阅读需求，也能帮助读者积累实际应用中的妙招，扩展思路。

◎ 配套资源

为了方便读者学习，本书配备了多种学习方式，供读者选择。

➥ 配套素材和超值资源

本书配送了 10 小时高清同步教学视频、本书素材和结果文件、Photoshop CC 常用快捷键查询手册、Photoshop CC 常用技巧查询手册、颜色代码查询表、网页配色方案速查表、颜色英文名称查询表、500 个经典 Photoshop 设计案例效果图、Photoshop CC 安装指导录像、通过互联网获取学习资源和解题方法、手机办公 10 招就够、微信高手技巧随身查、QQ 高手技巧随身查、高效人士效率倍增手册等超值资源。

（1）下载地址。

扫描下方二维码或在浏览器中输入下载链接：http://v.51pcbook.cn/download/28806.html，即可下载本书配套光盘。

提示：如果下载链接失效，请加入"办公之家"群（218192911），联系管理员获取最新下载链接。

（2）使用方法。

下载配套资源到电脑端，单击相应的文件夹可查看对应的资源。每一章所用到的素材文件均在"本书实例的素材文件、结果文件 \ 素材 \ch*"文件夹中。读者在操作时可随时取用。

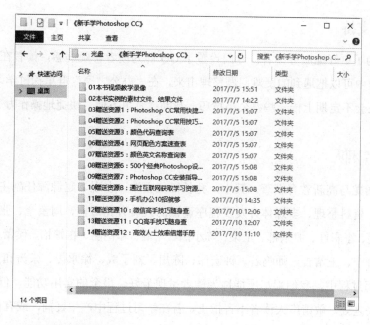

➜ 扫描二维码观看同步视频

使用微信、QQ及浏览器中的"扫一扫"功能，扫描每节中对应的二维码，即可观看相应的同步教学视频。

➜ 手机版同步视频

用户可以扫描下方二维码下载龙马高新教育手机 APP，用户可以直接安装到手机中，随时随地问同学、问专家，尽享海量资源。同时，我们也会不定期向读者手机中推送学习中的常见难点、使用技巧、行业应用等精彩内容，让学习更加简单高效。

💡 更多支持

本书为了更好地服务读者，专门设置了 QQ 群为读者答疑解惑，读者在阅读和学习本书过程中可以把遇到的疑难问题整理出来，在"办公之家"群里探讨学习。另外，群文件中还会不定期上传一些办公小技巧，帮助读者更方便、快捷地操作办公软件。

✉ 作者团队

本书由龙马高新教育编著，其中，孔长征任主编，左琨、赵源源任副主编，参与本书编写、资料整理、多媒体开发及程序调试的人员有孔万里、周奎奎、张任、张田田、尚梦娟、李彩红、尹宗都、王果、陈小杰、左琨、邓艳丽、崔姝怡、侯蕾、左花苹、刘锦源、普宁、王常吉、师鸣若、钟宏伟、陈川、刘子威、徐永俊、朱涛和张允等。

在编写过程中，我们竭尽所能地为读者呈现最好、最全的实用功能，但仍难免有疏漏和不妥之处，敬请广大读者不吝指正。若在学习过程中产生疑问，或有任何建议，可以与我们联系交流。

投稿信箱：pup7@pup.cn

读者信箱：2751801073@qq.com

读者交流 QQ 群：218192911（办公之家）

·目录·

Contents

第1章　快速掌握 Photoshop CC 1

1.1　Photoshop 可以做什么 2

1.2　Photoshop 与其他图片处理软件的区别 5

1.3　让人刮目相看——Photoshop 在计算机 / 手机 / 平板电脑中的应用 5

1.4　Photoshop CC 的安装 7

　　1.4.1　安装 Photoshop CC 的硬件要求 7

　　1.4.2　如何获取 Photoshop CC 安装包 8

　　1.4.3　安装 Photoshop CC 8

　　1.4.4　卸载 Photoshop CC 10

　　1.4.5　在手机中安装 Photoshop 10

1.5　Photoshop CC 的启动与退出 11

　　1.5.1　启动 Photoshop 的 3 种方法 11

　　1.5.2　退出 Photoshop 的 4 种方法 12

1.6　认识 Photoshop CC 的工作界面 13

　　痛点解析 16

　　大神支招 19

第2章　图像的基本操作 23

2.1　快速处理文件 24

　　2.1.1　新建文件的 2 种方法 24

　　2.1.2　打开文件的 6 种方法 24

　　2.1.3　存储文件的 3 种方法 27

2.2 查看图像技巧 31

   2.2.1 使用导航器快速查看 31

   2.2.2 使用缩放工具查看 32

   2.2.3 使用抓手工具查看 33

   2.2.4 多窗口文档的排列 34

2.3 调整图像技巧 35

   2.3.1 快速调整图像的大小 35

   2.3.2 快速调整画布的大小 36

   2.3.3 快速调整图像的方向 37

2.4 恢复与还原操作 38

   2.4.1 快速还原与重做 38

   2.4.2 前进与撤销技巧 39

   2.4.3 恢复文件技巧 40

   2.4.4 历史记录面板与快照应用 40

2.5 综合实战——我的第一个 CG 作品 40

   痛点解析 42

   大神支招 45

第 3 章　选区抠图 **49**

3.1 认识选区 50

3.2 多方法创建选区 50

   3.2.1 使用【矩形选框工具】创建选区 50

   3.2.2 使用【椭圆选框工具】创建选区 51

   3.2.3 使用【套索工具】创建选区 52

   3.2.4 使用【多边形套索工具】创建选区 52

   3.2.5 使用【磁性套索工具】创建选区 53

   3.2.6 使用【魔棒工具】创建选区 54

   3.2.7 使用【快速选择工具】创建选区 55

   3.2.8 使用【选择】命令选择选区 55

   3.2.9 使用【色彩范围】命令选择选区 56

3.3 选区的操作技巧 56

3.3.1 快速选择选区与反选选区 57
3.3.2 取消选择和重新选择 57
3.3.3 建选区 58
3.3.4 添加选区与减去选区 58
3.3.5 羽化选区 59
3.3.6 精确选择选区与移动选区 60
3.3.7 隐藏或显示选区 61

3.4 快速编辑选区 62
3.4.1 修改选区 62
3.4.2 扩大选区 63
3.4.3 选取相似选区 63
3.4.4 变换选区 64
3.4.5 存储选区 65
3.4.6 载入选区 66
3.4.7 移动选区 66

3.5 抠图技巧 67
3.5.1 认识抠图 67
3.5.2 快速抠图工具 68
3.5.3 用魔棒工具抠图 68
3.5.4 用色彩范围抠图 69
3.5.5 多边形抠图技巧 70

3.6 综合实战——界面设计作品 71

痛点解析 76

大神支招 78

第4章 图像的绘制与修饰 81

4.1 快速设置颜色 82
4.1.1 Photoshop 色彩必修课 82
4.1.2 设置前景色和背景色 86
4.1.3 用吸管工具选取颜色 87
4.1.4 用颜色面板调整颜色 88

4.1.5 用色板面板调整颜色 89

4.2 绘图 90

4.2.1 使用【画笔工具】柔化皮肤 90

4.2.2 使用【历史记录画笔工具】恢复图像色彩 92

4.2.3 使用【历史记录艺术画笔工具】制作粉笔画 93

4.3 修复图像技巧 94

4.3.1 使用变换图形制作文字特效 95

4.3.2 使用【仿制图章工具】复制图像 96

4.3.3 使用【图案图章工具】制作特效背景 96

4.3.4 使用【修复画笔工具】去除皱纹 97

4.3.5 使用【污点修复画笔工具】去除雀斑 99

4.3.6 使用【修补工具】去除照片瑕疵 99

4.4 擦除图像技巧 100

4.4.1 使用【橡皮擦工具】制作图案叠加的效果 100

4.4.2 使用【魔术橡皮擦工具】擦除背景 102

4.5 填充与描边应用 103

4.5.1 使用【渐变工具】绘制图像 103

4.5.2 使用【油漆桶工具】为卡通画上色 103

4.5.3 制作描边效果 104

4.6 综合实战——海报招贴设计作品 105

痛点解析 108

大神支招 110

第5章 图层及图层样式的应用 111

5.1 认识图层 112

5.1.1 图层特性 112

5.1.2 图层的分类 113

5.1.3 图层的面板 118

5.2 创建图层 119

5.3 隐藏与显示图层 120

5.4 排列与分布图层..122

5.5 设置不透明度和填充..124

5.6 快速使用图层样式..125

    5.6.1 "斜面和浮雕"样式..125

    5.6.2 "外发光"样式..126

    5.6.3 "描边"样式..127

5.7 图层混合模式的应用..128

5.8 综合实战——制作图标..133

  痛点解析..136

  大神支招..137

第6章 蒙版与通道的应用..139

6.1 使用蒙版抠图..140

6.2 使用蒙版工具..141

6.3 创建矢量蒙版..141

6.4 复合通道..142

6.5 颜色通道..144

6.6 专色通道..144

6.7 Alpha 通道..145

6.8 综合实战——为照片制作风格特效................................146

  痛点解析..150

  大神支招..151

第7章 矢量工具与路径使用技巧........................153

7.1 使用【路径】面板..154

    7.1.1 快速选取并显示路径..154

    7.1.2 保存工作路径..155

7.1.3 创建新路径 156

7.1.4 复制和删除路径 157

7.1.5 填充路径 158

7.1.6 描边路径 159

7.1.7 路径与选区的转换方法 160

7.2 使用矢量工具 161

7.2.1 快速使用矢量工具创建的内容 161

7.2.2 了解路径与锚点 163

7.2.3 锚点 164

7.2.4 使用形状工具 165

7.2.5 钢笔工具使用技巧 170

7.3 综合实战——手绘智能手表 173

痛点解析 180

大神支招 181

第8章 文字编辑与排版技巧 183

8.1 创建文字与文字选区技巧 184

8.1.1 快速输入文字 184

8.1.2 设置文字属性 185

8.1.3 设置段落属性 186

8.2 永久栅格化文字 188

8.3 快速创建变形文字 189

8.4 快速创建路径文字 190

8.5 综合实战 192

8.5.1 制作金属镂空文字效果 192

8.5.2 制作绚丽的七彩文字效果 197

痛点解析 199

大神支招 201

第9章　滤镜的使用技巧 203

9.1　【镜头校正】滤镜特效 204

9.2　【液化】滤镜特效 205

9.3　【消失点】滤镜特效 206

9.4　【风格化】滤镜特效 207

9.5　【扭曲】滤镜特效 212

9.6　【锐化】滤镜特效 216

9.7　【模糊】滤镜特效 217

9.8　【渲染】滤镜特效 223

9.9　【杂色】滤镜特效 226

9.10　外挂 Eye Candy 滤镜特效 228

9.11　综合实战——用滤镜制作炫光空间 229

　　痛点解析 235

　　大神支招 237

第10章　Photoshop CC 在照片处理中的应用 239

10.1　人物照片处理 240

10.2　风景照片处理 242

10.3　婚纱照片处理 245

10.4　写真照片处理 246

10.5　中老年照片处理 248

10.6　儿童照片处理 252

第 11 章　Photoshop CC 在艺术设计中的应用 255

11.1　广告设计 256

11.2　海报设计 262

11.3　包装设计 266

01

Chapter

第1章

快速掌握 Photoshop CC

>>> 与其他图片处理软件相比，Photoshop CC 有哪些优点，你知道吗？

>>> 别人可以随时随地的使用 Photoshop CC 处理图像，想不想知道他们是怎么做到的？

>>> 界面不符合自己的审美，怎么才能优化工作界面？

>>> 图像究竟有什么区别呢？我们平时观看到的图像为什么有的很清晰有的却很模糊呢？

这一章就来告诉你快速掌握 Photoshop CC 的秘诀！

1.1 Photoshop 可以做什么

Photoshop 作为专业的图形图像处理软件，是许多从事平面设计工作人员的必备工具。它被广泛地应用于广告公司、制版公司、输出中心、印刷厂、图形图像处理公司、婚纱影楼以及网页设计类的公司等，如下图所示。

1. 平面设计

Photoshop 应用最为广泛的领域是在平面设计上；在日常生活中，走在大街上随意看到的招牌、海报、招贴、宣传单等，这些具有丰富图像的平面印刷品，大多都需要使用 Photoshop 软件对图像进行处理。例如，下图所示为百事可乐广告设计，通过 Photoshop CC 将百事可乐的产品主体和广告语，以及让人产生的味蕾感觉设计在同一个画面里，使其更好地体现出该产品的突出口感和效果。

2. 界面设计

界面设计作为一个新兴的设计领域，在还未成为一种全新的职业的情况下，受到

许多软件企业及开发者的重视；对于界面设计来说，并没有一个专用于界面设计制作的专业软件，因为，绝大多数设计者都使用 Photoshop 进行设计，如下图所示。

3. 插画设计

插图（画）是运用图案表现的形象，本着审美与实用相统一的原则，尽量使线条，形态清晰明快，制作方便。插图是世界都能通用的语言，在商业应用上很多都是使用 Photoshop 进行设计的，如下图所示。

4. 网页设计

网络的普及是促使更多人需要掌握 Photoshop 的一个重要原因。因为在制作网页时 Photoshop 是必不可少的网页图像处理软件，如下图所示。

5. 绘画与数码艺术

基于 Photoshop 的良好绘画与调色功能，可以通过手绘草图，再利用 Photoshop 进行填色的方法来绘制插画；也可通过在 Photoshop 中运用 Layer（图层）功能，直接在 Photoshop 中进行绘画与填色；可以从中绘制各种效果，如插画、国画等，其表现手法也各式各样，如水彩风格、马克笔风格、素描等，如下图所示。

6. 数码摄影后期处理

Photoshop 具有强大的图像修饰功能。利用这些功能，可以调整影调、调整色调、校正偏色、替换颜色、溶图、快速修复破损的旧照片、合成全景照片、后期模拟特技拍摄、上色等，也可以修复人脸上的斑点等缺陷，如下图所示。

7. 动画设计

动画设计师可以采用手绘，再用扫描仪进行数码化，然后采用 Photoshop 软件进行处理，也可以直接在 Photoshop 软件中进行动画设计制作，如下图所示。

8. 文字特效

通过 Photoshop 对文字的处理，文字就不再是普普通通的文字；在 Photoshop 的强大功能面前，可以使文字发生各种各样的变化，并利用这些特效处理后的文字为图像增加效果，如下图所示。

9. 服装设计

最常见的，在各大影楼里使用 Photoshop 对婚纱的设计处理。在服装行业上，Photoshop 也充当着一个不可或缺的角色，服装的设计，服装设计效果图等诸如此类，都体现了 Photoshop 在服装行业上的重要性，如下图所示。

10. 建筑效果图后期修饰

在制作建筑效果图包括许多三维场景时，人物与配景（包括场景的颜色）常常需要在 Photoshop 中增加并调整，如下图所示。

11. 绘制或处理三维贴图

在三维软件制作模型中，如果模型贴图的色调、规格或其他因素不适合，可通过 Photoshop 对贴图进行调整。还可以利用 Photoshop 制作在三维软件中无法得到的合适的材质，如下图所示。

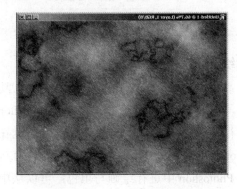

12. 图标制作

Photoshop 除了能应用于各大行业上之外，还可以适用于制作小小的图标。而且，使用 Photoshop 制作出来的图标非常精美，如下图所示。

1.2 Photoshop 与其他图片处理软件的区别

1. Photoshop 的优势

（1）功能强大，几乎能达到用户想要的任何效果。

（2）自定义程度极大，从曲线色阶到液化扭曲，都可以按照自己的构想去操作。

（3）不单单针对照片，还可以创作海报、网页设计等。

2. Photoshop 的劣势

（1）学习成本高，新手上手慢。

（2）某些附件功能的插件需要自行下载安装。

（3）正版软件收费价格高。

1.3 让人刮目相看——Photoshop 在计算机 /
手机 / 平板电脑中的应用

1 打开手机上的【PS Toch】软件，点击【图
片库】按钮。

2 选择要加载图片的文件夹。

3 选中要处理的图片。

4 点击【添加】按钮。

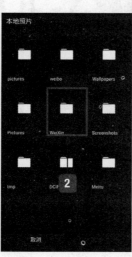

5

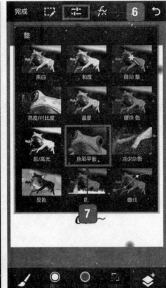

6

5 即可在软件中打开该图片。

6 点击该图标。

7 选择【色彩平衡】选项。

8 设置色彩平衡的数值。

9 点击【完成】按钮。

10 点击该按钮。

11 选择【艺术效果】选项卡。

12 选择【绘图笔】选项。

13 效果如图所示，点击【完成】按钮。

14 点击该按钮。

15 点击【渐变】按钮。

16 设置渐变后点击【完成】按钮。

17 点击【完成】按钮。

18 选择【保存】选项。

19 点击【分享】按钮。

20 选择【保存到相册】选项。

21 选择要保存的文件。

22 点击【确定】按钮。

23 最终效果。

1.4 Photoshop CC 的安装

1.4.1 安装 Photoshop CC 的硬件要求

在 Windows 系统中运行 Photoshop CC 的配置要求如下表所示。

CPU	Intel Pentium 4 或 AMD Athlon 64 处理器 (2GHz 或更快)
内存	2GB 内存（推荐 8GB 或更大的内存）

硬盘	安装所需的 2.5GB 可用硬盘空间，安装过程中需要更多的可用空间（无法在基于闪存的存储设备上安装）
操作系统	Microsoft Windows 7 Service Pack 1 或 Windows 8
显示器	1024×768 的显示器分辨率（推荐 1280×800），具有 OpenGL 2.0、16 位色彩和 512MB 的 VRAM （建议使用 1GB）
驱动器	DVD-ROM 驱动器

在 Mac OS 系统中运行 Photoshop CC 的配置要求如下表所示。

CPU	多核心 Intel 处理器，支持 64 位
内存	2GB 内存（推荐 8GB 或更大的内存）
硬盘	安装所需的 3.2GB 可用硬盘空间，安装过程中需要更多的可用空间（无法在基于闪存的存储设备上安装）
操作系统	Mac OS X v10.7, v10.8, v10.9, or v10.10
显示器	1024×768 的显示器分辨率（推荐 1280×800），具有 OpenGL 2.0、16 位色彩和 512MB 的 VRAM （建议使用 1GB）
驱动器	DVD-ROM 驱动器

1.4.2 如何获取 Photoshop CC 安装包

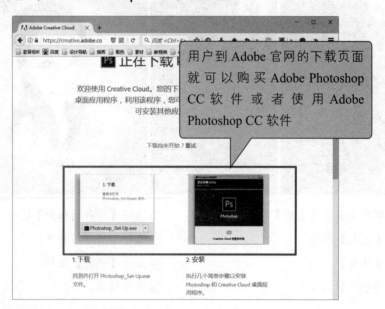

用户到 Adobe 官网的下载页面就可以购买 Adobe Photoshop CC 软件或者使用 Adobe Photoshop CC 软件

1.4.3 安装 Photoshop CC

1 双击安装文件图标。

2 弹出【Adobe 安装程序】对话框。

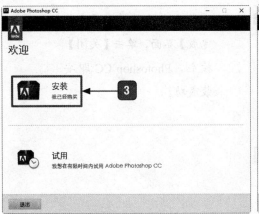

3 初始化结束后，进入 Adobe Photoshop CC【欢迎】界面。在【欢迎】界面中单击【安装】按钮。

4 进入【需要登录】界面，单击【登录】按钮。

提示：

　　需要登录用户的 Adobe ID，如果用户没有需要注册一个。

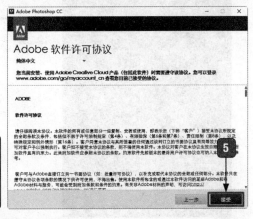

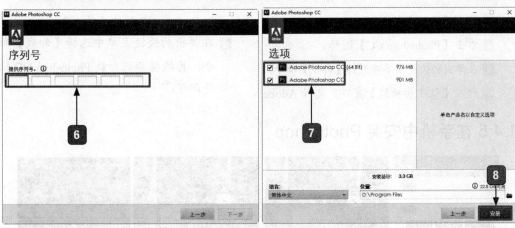

5 进入【Adobe 软件许可协议】界面，单击【接受】按钮。

6 进入【序列号】界面，在下面的空白框内输入用户的序列号。

7 进入【选项】界面，在其中选择需要安装的 Photoshop CC。

8 单击【安装】按钮。

⑨ 安装完成后，进入【安装
完成】界面，单击【关闭】
按钮，Photoshop CC 即安
装成功。

1.4.4 卸载 Photoshop CC

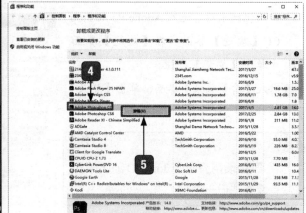

① 单击【开始】按钮。

② 右击【Photoshop CC】图标。

③ 在弹出的快捷菜单中选择【卸载】命令。

④ 进入【程序和功能】窗口，选择 Adobe

Photoshop CC 软件后并右击。

⑤ 在弹出的快捷菜单中选择【卸载】命
令，再根据步骤卸载 Photoshop CC 软
件即可。

1.4.5 在手机中安装 Photoshop

1 打开手机上的【应用商店】软件，并在搜索框中输入"Photoshop"。

2 在弹出的搜索结果中选择【Photoshop 手机版】软件。

3 点击【安装】按钮。

4 安装完成后点击【打开】按钮。

5 点击【接受】按钮。

6 点击【允】按钮。

7 即可在手机中安装 Photoshop。

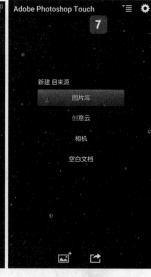

1.5 Photoshop CC 的启动与退出

1.5.1 启动 Photoshop 的 3 种方法

1.【开始】按钮方式

用户选择【开始】→【Adobe Photoshop CC】命令，即可启动 Photoshop CC 软件

2. 桌面快捷方式图标

　　用户在安装 Photoshop CC 时，安装向导会自动地在桌面上生成一个 Photoshop CC 的快

捷方式图标,用户可以双击桌面上的 Photoshop CC 快捷方式图标,即可启动 Photoshop CC 软件。

3. Windows 资源管理器方式

用户也可以在Windows资源管理器中双击Photoshop CC的文档来启动Photoshop CC软件。

1.5.2 退出 Photoshop 的 4 种方法

1. 通过【文件】菜单

1 选择【文件】菜单。

2 选择【退出】命令,即可退出 Photoshop CC 程序。

2. 通过标题栏

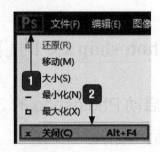

1 单击 Photoshop CC 标题栏左侧的图标。

2 在弹出的下拉菜单中选择【关闭】命令即可退出 Photoshop CC 程序。

3. 通过【关闭】按钮

单击 Photoshop CC 界面右上角的【关闭】按钮即可退出 Photoshop CC

> **提示：**
>
> 此时若用户的文件没有保存，程序会弹出一个对话框提示用户是否需要保存文件；若用户的文件已经保存过，程序则会直接关闭。

4. 通过快捷键

用户只需要按【Alt+F4】组合键即可退出 Photoshop CC。

1.6 认识 Photoshop CC 的工作界面

1. 菜单栏

Photoshop CC 的菜单栏中包含 11 组主菜单，分别是文件、编辑、图像、图层、类型、选择、滤镜、3D、视图、窗口和帮助。每个菜单内都包含一系列的命令，这些命令按照不同的功能采用分割线进行分离。菜单栏中包含可以执行任务的各种命令，单击菜单名称即可打开相应的菜单。

2. 工具箱

工具箱中的某些工具具有出现在上下文相关工具选项栏中的选项。通过这些工具，可以进行文字、选择、绘画、绘制、取样、编辑、移动、注释和查看图像等操作。通过工具箱中的工具，还可以更改前景色 / 背景色以及在不同的模式下工作。

单击工具箱上方的双箭头 [图] 可以双排显示工具箱；再单击一次 [图] 按钮，恢复工具箱单行显示。

将鼠标指针放在任何工具上，用户可以查看有关该工具的名称及其对应的快捷键。

3. 选项栏

在选择某项工具后，在工具选项栏中会出现相应的工具选项，在工具选项栏中可对工具参数进行相应设置。

4. 面板

控制面板是 Photoshop CC 中进行颜色选择、编辑图层、编辑路径、编辑通道和撤销编辑等操作的主要功能面板，是工作界面的一个重要组成部分。

5. 状态栏

Photoshop CC 中文版状态栏位于文档窗口底部，状态栏可以显示文档窗口的缩放比例、文档大小、当前使用工具等信息。

单击状态栏上的三角形按钮可以弹出如右图所示的菜单。

提示：

（1）在 Photoshop CC 状态栏单击"缩放比例"文本框，在文本框中输入缩放比例，按【Enter】键确认，可按输入比例缩放文档中的图像。

（2）如果在状态栏上按住鼠标左键不放，则可显示图像的宽度、高度、通道、分辨率等信息。

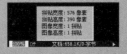

（3）按住【Ctrl】键同时单击状态栏，可以显示图像的拼贴宽度、拼贴高度、图像宽度、图像高度等信息。

（4）单击 Photoshop CC 状态栏中的三角形按钮，可在打开的菜单中选择状态栏显示内容。

【Adobe Drive】：显示文档的 Version Cue 工作组状态，Version Cue 使用户能连接到服务器，连接后可以在 Windows 资源管理器或 Mac OS Finder 中查看服务器的项目文件。

【文档大小】：显示有关图像中的数据量信息。选择该选项后，状态栏中会出现两组数字，如下图所示，左边的数字显示了拼合图层并储存文件后的大小，右边的数字显示了包含图层和通道的近似大小。

文档:2.82M/2.82M

【文档配置文件】：显示了图像所使用的颜色配置文件的名称，如下图所示。

未标记的 RGB (8bpc)

【文档尺寸】：显示图像的尺寸，如下图所示。

26.46 厘米 x 46.39 厘米 (72 p...

【测量比例】：显示文档的比例，如下图所示。

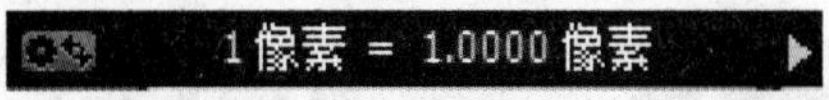

1 像素 = 1.0000 像素

【暂存盘大小】：显示有关处理图像的内存和 Photoshop CC 暂存盘信息，选择该选项后，状态栏会出现两组数字，左边的数字表示程序用来显示所有打开的图像的内存量，右边的数字表示可用于处理图像的总内存量，如果左边的数字大于右边的数字，Photoshop CC 将启用暂存盘作为虚拟内存来使用，如下图所示。

暂存盘: 133.1M/4.15G

【效率】：显示执行操作实际花费时间的百分比，当效率为 100% 时，表示当前处理的图像在内存中生成；如果低于该值，则表示 Photoshop CC 正在使用暂存盘，操作速度会变慢，如下图所示。

效率: 100%*

【计时】显示完成上一次操作所用的时间，如下图所示。

1.8 秒

【当前工具】：显示当前使用的工具名称，如下图所示。

移动

【32 位曝光】：用于调整预览图像，以便在计算机显示器上查看 32 位 / 通道高动态范围（HDR）图像的选项，只有文档窗口中显示 HDR 图像时，该选项才可用。

【存储进度】：保存文件时，显示存储进度。

痛点解析

痛点 1：位图与矢量图的区别

　　位图也被称为像素图或点阵图，它由网格上的点组成，这些点称为像素。当位图放大到一定程度时，可以看到位图是由一个个小方格组成的，这些小方格就是像素。像素是位图图像中最小的组成元素，位图的大小和质量由像素的多少决定，像素越多，图像越清晰，颜色之间的过渡也越平滑。位图图像的主要优点是表现力强、层次多、细腻、细节丰富，可以十分逼真地模拟出像照片一样的真实效果，如下图所示。位图图像可以通过扫描仪和数码相机获得，也可通过如 Photoshop 和 Corel PHOTO-PAINT 等软件生成。

　　在屏幕上缩放位图图像时，它们可能会丢失细节，因为位图图像与分辨率有关，它们包含固定数量的像素，并且为每个像素分配了特定的位置和颜色值。 如果在打印位图图像时采用的分辨率过低，位图图像可能会呈锯齿状，因为此时增加了每个像素的大小。

　　矢量图是用一系列计算机指令来描述和记录图像的，它由点、线、面等元素组成，记录的是对象的几何形状、线条粗细和色彩属性等。矢量图的主要优点是不受分辨率影响，任何尺寸的缩放都不会改变其清晰度和光滑度。矢量图只能通过 CorelDRAW 或 Illustrator 等软件生成。

　　矢量图与分辨率无关，也就是说，可以将它们缩放到任意尺寸，可以按任意分辨率打印，而不会丢失细节或降低清晰度。 因此，矢量图最适合表现醒目的图形，如下图所示。

痛点 2：RGB 和 CMYK 彩色模式的区别

Photoshop 的 RGB 颜色模式使用 RGB 模型，对于彩色图像中的每个 RGB（红色、绿色、蓝色）分量，为每个像素指定一个 0（黑色）到 255（白色）之间的强度值。例如，亮红色可能 R 值为 246，G 值为 20，而 B 值为 50。

RGB 图像使用 3 种颜色或 3 个通道在屏幕上重现颜色，如下图所示。

这 3 个通道将每个像素转换为 24 位（8 位 ×3 通道）色信息。对于 24 位图像可重现多达 1670 万种颜色，对于 48 位图像（每个通道 16 位）可重现更多的颜色。新建的 Photoshop 图像的默认模式为 RGB，计算机显示器、电视机、投影仪等均使用 RGB 模式显示颜色。这意味着在使用非 RGB 颜色模式（如 CMYK）时，Photoshop 会将 CMYK 图像插值处理为 RGB，以便在屏幕上显示。

当阳光照射到一个物体上时，这个物体将吸收一部分光线，并将剩下的光线进行反射，反射的光线就是我们所看见的物体颜色。这是一种减色色彩模式，同时也是与 RGB 模式的根本不同之处。不但我们看物体的颜色时用到了这种减色模式，而且在纸上印刷时应用的也是这种减色模式，如下图所示。

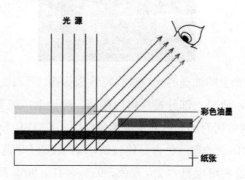

按照这种减色模式，就衍变出了适合印刷的 CMYK 色彩模式。

CMYK 代表印刷上用的四种颜色，C 代表青色（Cyan），M 代表洋红色（Magenta），Y 代表黄色（Yellow），K 代表黑色（Black），如下图所示。

　　因为在实际引用中，青色、洋红色和黄色很难叠加形成真正的黑色，最多不过是褐色而已。所以才引入了 K——黑色。黑色的作用是强化暗调，加深暗部色彩。每个颜色通道的颜色也是 8 位，即 256 种亮度级别，4 个通道组合使得每个像素具有 32 位的颜色容量，在理论上能产生 2^{32} 种颜色，如下图所示。但是由于目前的制造工艺还不能造出高纯度的油墨，CMYK 相加的结果实际上是一种暗红色，因此还需要加入一种专门的黑墨来中和。

　　CMYK 模式以打印纸上的油墨的光线吸收特性为基础，当白光照射到半透明油墨上时，色谱中的一部分被吸收，而另一部分被反射回眼睛。理论上，纯青色（C）、洋红（M）和黄色（Y）色素混合将吸收所有的颜色并生成黑色，因此 CMYK 模式是一种减色模式，即为最亮（高光）颜色指定的印刷油墨颜色百分比较低，而为较暗（暗调）颜色指定的百分比较高，如下图所示。例如，亮红色可能包含 2% 青色、93% 洋红、90% 黄色和 0% 黑色。因为青色的互补色是红色（洋红色和黄色混合即能产生红色），减少青色的百分含量，其互补色红色的成分也就越多，所以模式是靠减少一种通道颜色来加亮它的互补色，这显然符合物理原理。

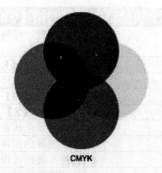

CMYK

CMYK 通道的灰度图和 RGB 类似。RGB 灰度表示色光亮度，CMYK 灰度表示油墨浓度。但二者对灰度图中的明暗有着不同的定义。

RGB 通道灰度图中较白部分表示亮度较高，较黑表示亮度较低，纯白表示亮度最高，纯黑表示亮度为零。

痛点3：图像分辨率的作用

分辨率是指单位长度上像素的多少。单位长度像素越多，分辨率越高，图像就相对比较清晰。分辨率有多种类型，可以分为图像分辨率、显示器分辨率和打印机分辨率等。

图像分辨率是指图像中每个单位长度所包含的像素的数目，常以"像素 / 英寸（ppi）"为单位表示，如"96ppi"表示图像中每英寸包含 96 个像素或点。分辨率越高，图像文件所占用的磁盘空间就越大，编辑处理图像文件所花费的时间也就越长。在分辨率不变的情况下改变图像尺寸，则文件大小将发生变化，尺寸大则保存的文件大。若改变分辨率，则文件大小也会相应改变。

图像分辨率和图像尺寸（高宽）的值一起决定文件的大小及输出的质量，该值越大，图像文件所占用的磁盘空间也就越多。图像分辨率以比例关系影响着文件的大小，即文件大小与其图像分辨率的平方成正比。如果保持图像尺寸不变，将图像分辨率提高 1 倍，则其文件大小增大至原来的 4 倍。

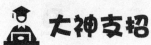

1. 会使用快捷键才是高手

灵活使用 Photoshop 软件快捷键是学好该软件的基础，所以熟记一些快捷键对于广大 Photoshop 技术爱好者是有非常重要的作用的。Photoshop 中的快捷键有很多，这里简单列举工具箱中的快捷键。

工具箱（多种工具共用一个快捷键的可同时按【Shift】键加此快捷键选取）	
矩形、椭圆选框工具【M】	直线渐变、径向渐变、对称渐变、角度渐变、菱形渐变 【G】
裁剪工具【C】	油漆桶工具 【K】
移动工具【V】	吸管、颜色取样器【I】
套索、多边形套索、磁性套索【L】	抓手工具 【H】
魔棒工具【W】	缩放工具 【Z】
喷枪工具【J】	默认前景色和背景色【D】
画笔工具【B】	切换前景色和背景色【X】
橡皮图章、图案图章【S】	切换标准模式和快速蒙版模式【Q】
历史记录画笔工具【Y】	标准屏幕模式、带有菜单栏的全屏模式、全屏模式【F】
橡皮擦工具【E】	临时使用移动工具【Ctrl】
铅笔、直线工具【N】	临时使用吸色工具【Alt】
模糊、锐化、涂抹工具【R】	临时使用抓手工具【Space】
减淡、加深、海棉工具【O】	打开工具选项面板【Enter】
钢笔、自由钢笔、磁性钢笔 【P】	快速输入工具选项（当前工具选项面板中至少有一个可调节数字）【0】~【9】
添加锚点工具【+】	循环选择画笔【[】或【]】
删除锚点工具【−】	选择第一个画笔【Shift】+【[】
直接选取工具【A】	选择最后一个画笔【Shift】+【]】
文字、文字蒙版、直排文字、直排文字蒙版【T】	建立新渐变（在"渐变编辑器"中）【Ctrl】+【N】
度量工具【U】	

2. 如何使用帮助

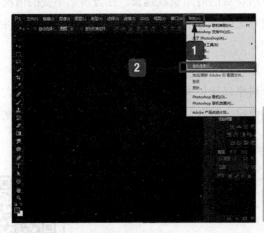

1 选择【帮助】命令。

2 选择【系统信息】命令。

3 打开【系统信息】对话框，可以查看系统的相关信息。

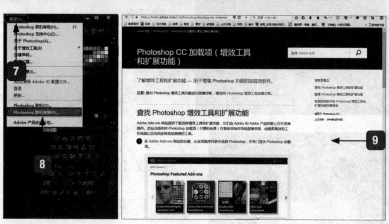

选择【帮助】命令。

选择【Photoshop 联机帮助】命令。

打开联机网页可以查看联机帮助信息。

选择【帮助】命令。

选择【Photoshop 联机资源】命令。

即可打开联机网页可以查看并下载联机资源。

3. 如何优化工作界面

Photoshop CC 提供了屏幕模式按钮 ，单击按钮右侧的三角形按钮可以选择【标准屏幕模式】【带有菜单栏的全屏模式】和【全屏模式】3 个选项来改变屏幕的显示模式，也可以使用【F】键来实现 3 种模式之间的切换。建议初学者使用【标准屏幕模式】。

提示：
　　当工作界面较为混乱的时候，可以选择【窗口】→【工作区】→【默认工作区】命令恢复到默认的工作界面。

1 带有菜单栏的全屏模式。

提示：
　　该模式拥有更大的画面观察空间。

2 设置【列数】为"6"。

提示：
　　当在全屏模式下时，可以按【Esc】键返回到主界面。

02

Chapter

第2章

图像的基本操作

>>> 你知道怎样最快速最简便地在 Photoshop CC 中新建文件吗？

>>> 想不想做出定位准确的图像？想不想对图像进行快速的调整？

>>> 想不想知道操作错误了怎样快速还原与恢复？

这一章就来告诉你 Photoshop CC 中基本操作的秘诀！

2.1 快速处理文件

在 Photoshop CC 中提供了快速处理文件的多种方法。

2.1.1 新建文件的 2 种方法

1. 最常用的方法——使用【文件】→【新建】命令新建文件

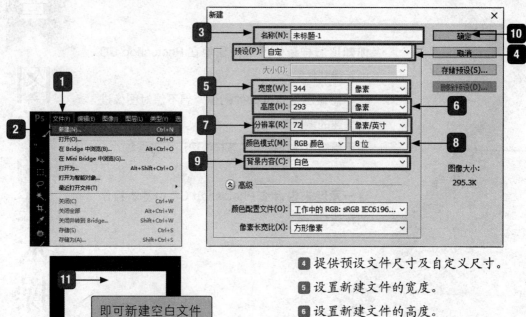

4 提供预设文件尺寸及自定义尺寸。

5 设置新建文件的宽度。

6 设置新建文件的高度。

7 设置新建文件的分辨率。

8 设置新建文件的颜色模式。

9 设置新建文件的背景内容。

10 单击【确定】按钮。

11 新建的空白文件。

1 选择【文件】命令。

2 选择【新建】命令。

3 输入文件的名称。

2. 最便捷的方法——使用快捷键

使用【Ctrl+N】组合键，可以快速创建新的图像文件。

2.1.2 打开文件的 6 种方法

小白：哇，大神每次打开文件的方法都不一样呀！

大神：是的，打开文件的方法有许多种，用到不一样的文件有不同的打开方法。

小白：天哪，那么多种方法大神不会记错吗？

大神：不会的，其实平时用的时候我们只要牢记最常用的与最便捷的方法就可以了，别的方法可以适当地使用。

小白：嗯，我懂了，快带着我看一下打开文件的多种方法吧。

1. 最常用的方法——使用【打开】命令打开文件

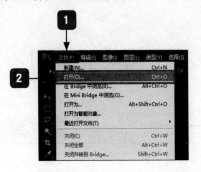

1 选择【文件】命令。

2 选择【打开】命令。

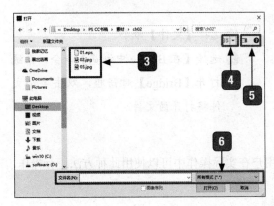

3 文件夹中所有类型的文件。

4 设置预览的类型，如缩略图、列表等。

5 单击【显示预览窗格】图标。

6 一般情况下文件类型默认为【所有格式】。

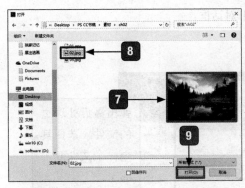

即可在 Photoshop CC 中打开选中的文件

7 即可以预览图的形式来显示图像。

8 选中要打开的文件。

9 单击【打开】按钮或者直接双击文件。

10 在 Photoshop CC 中打开的文件。

2. 用【打开为】命令打开文件

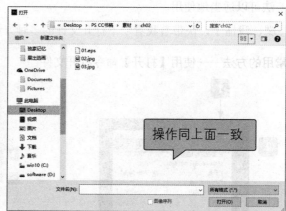

1 选择【文件】命令。

2 选择【打开为】命令。

操作同上面一致

3. 用【在 Bridge 中浏览】命令打开文件

1 选择【文件】命令。

2 选择【在 Bridge 中浏览】命令，系统打开【Bridge】对话框，双击某个文件将打开该文件。

4. 最便捷的方法——通过快捷方式打开文件

通过快捷方式打开文件是最便捷的方法，用户在实际操作中可以使用此种方法进行操作，以便提高工作效率。

（1）使用【Ctrl+O】组合键打开文件。

（2）在工作区域内双击也可以打开【打开】对话框。

5. 打开最近使用过的文件

1 选择【文件】命令。

2 选择【最近打开文件】命令。

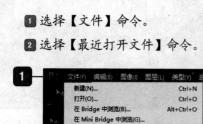

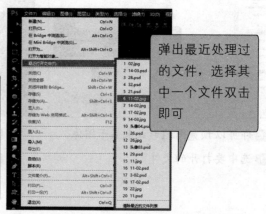

弹出最近处理过的文件，选择其中一个文件双击即可

6. 作为智能对象打开

作为智能对象打开文件，可以使对象达到无损处理的效果。

1 选择【文件】命令。

2 选择【打开为智能对象】
命令。

打开【打开】对话框，双击某个文件将该文件作为智能对象打开，如下图所示。

操作同前面一致

2.1.3 存储文件的 3 种方法

在 Photoshop CC 中，存储文件有 3 种方法，用户可以根据保存的文件类型选择合适的
方法。

1. 最常用的方法——用【存储为】命令保存文件

【存储为】命令是文件的另存，不论是新建的文件还是已经存储过的文件，都可以使用
该命令。

1 选择【文件】命令。

2 选择【存储为】命令。

不论是新建的文件还是已经存储过的文件，用户都可以在【另存为】对话框中将文件另外存储为某种特定的格式。

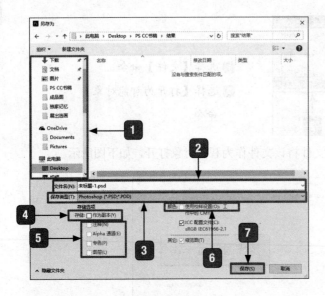

1 选择文件的保存路径。

2 设置保存的文件名。

3 选择文件的保存类型。

4 选中【作为副本】复选框，可另外保存一个复制的文件。

5 选择是否保存注释、Alpha 通道、专色和图层。

6 将文件的保存格式设置为 EPS 或 PDF 时，该复选框才可用。选中【使用校样设置】复选框可以保存打印用的校样设置。

7 单击【保存】按钮，即可存储文件。

2. 最快捷的方法——使用快捷键

使用【Ctrl+ S】组合键，可以快速地对文件进行存储，未存储过的新文档即可打开【另存为】对话框。用户可以在【保存类型】下拉列表中选择文件的保存类型，如下图所示。

可以选择文件的保存类型

（1）PSD 格式：PSD 格式是 Photoshop 默认的文件格式，PSD 格式可以保留文档中的所有图层、蒙版、通道、路径、未栅格化的文字、图层样式等。通常情况下，都是将文件保存为 PSD 格式，以后可以对其进行修改。PSD 格式是除大型文档格式（PSB）之外支持所有 Photoshop 功能的格式。其他 Adode 应用程序，如 Illustator、InDesign、Premiere 等可以直接置入 PSD 格式文件。

（2）PSB 格式：PSB 格式是 Photoshop 的大型文档格式，可支持最高达到 300 000 像素的超大图像文件。PSB 格式支持 Photoshop 所有功能，可以保持图像中的通道、图层样式和滤镜效果不变，但只能在 Photoshop 中打开。如果要创建一个 2GB 以上的 PSB 格式文件，可以使用此格式。

（3）BMP 格式：BMP 格式是一种用于 Windows 操作系统的图层格式，主要用于保存位图文件。该格式可以处理 24 位颜色的图像，支持 RGB、位图、灰度和索引模式，但不支持 Alpha 通道。

（4）GIF 格式：GIF 格式是基于在网络上传输图像而创建的文件格式，GIF 格式支持透明背景和动画，因此广泛地应用于传输和存储医学图像，如超声波和扫描图像。DICOM 文件包含图像数据和表头，其中存储了有关患者和医学的图像信息。

（5）EPS 格式：EPS 格式是为 PostScript 打印机上输出图像而开发的文件格式，几乎所有的图形、图表和页面排版程序都支持该格式。EPS 格式可以同时包含矢量图形和位图图像、支持 RGB、CMYK、位图、双色调、灰度、索引和 Lab，但不支持 Alpha 通道。

（6）JPEG 格式：JPEG 格式是由联合图像专家组开发的文件格式。它采用有损压缩方式，具有较好的压缩效果，但是将压缩品质数值设置得较大时，会损失掉图像的某些细节。JPEG 格式支持 RGB、CMYK 和灰度模式，但不支持 Alpha 通道。

（7）PCX 格式：PCX 格式采用 RLE 无损压缩方式，支持 24 位、256 色图像，适合保存索引和线画稿模式的图像。该格式支持 RGB、索引、灰度和位图模式，以及一个颜色通道。

（8）PDF 格式：便携文档格式（PDF）是一种通用的文件格式，支持矢量数据和位图数据。

具有电子文档搜索和导航功能，是 Adobe Illusteator 和 Adpbe Aeronat 的主要格式。PDF 格式支持 RGB、CMYK、索引灰度、位图和 Lab 模式，但不支持 Alpha 通道。

（9）RAW 格式：Photoshop Raw（RAW）是一种灵活的文件格式，用于在应用程序与计算机平台之间传递图像。该格式支持具有 Alpha 通道的 CMYK、RFB 和灰度模式，以及无 Alpha 通道的多通道、Lab、索引和双色调整模式。

（10）PIXAR 格式：PIXAR 格式是专为高端图形应用程序（如用于渲染三维图像和动画应用程序）设计的文件格式。它支持具有单个 Alpha 通道的 CMYK、RGB 和灰度模式图像。

（11）PNG 格式：PNG 格式是作为 GIF 格式的无专利代替产品而开发的。与 GIF 格式不同，PNG 格式支持 244 位图像并产生无锯齿状的透明背景度，但某些早期的浏览器不支持该格式。

（12）SCT 格式：Seitex（SCT）格式用于 Seitx 计算机上的高端图像处理。该格式支持 CMYK、RGB 和灰度模式，但不支持 Alpha 通道。

（13）TGA 格式：TGA 格式专门用于使用 Truevision 视频版的系统，它支持一个单独 Alpha 通道的 32 位 RGB 格式文件，以及没有 Alpha 通道的索引、灰度模式，16 位和 24 位 RGB 格式文件。

（14）TIFF 格式：TIFF 格式是一种通用文件格式，所有的绘画、图像编辑和排版都支持该格式。而且，几乎所有的桌面扫描仪都可以产生 TIFF 图像。该格式支持具有 Alpha 通道的 CMYK、RGB、Lab、索引颜色和灰度图像，以及没有 Alpha 通道的位图模式图像。Photoshop 可以在 TIFF 文件中存储图层，但是如果在另一个应用程序中不能打开该文件，则只有拼合图像是可见的。

（15）便携位图：便携位图（PBM）文件格式支持单色位图（1 位 / 像素），可用于无损数据传输。因为许多应用程序都支持此格式，还可以在简单的文本编辑器中编辑或创建此类文件。

3. 存储为 Web 所用格式

使用【存储为 Web 所用格式】命令存储文件，可以将文件保存为适于网页上的格式，浏览速度更快。

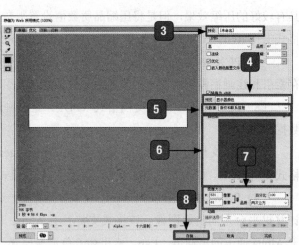

1 选择【文件】命令。

2 选择【存储为 Web 所用格式】命令。

3 选择文件存储的类型，扩散方式、杂边数量。

4 用于选择显示的颜色。

5 选择显示版权和联系信息。

6 用于分析图片中出现的颜色数量并把它们均匀排列。

7 用于显示图片的大小、品质。

8 单击【存储】按钮。

2.2 查看图像技巧

在编辑图像时，常常需要放大或缩小窗口的显示比例、移动图像的显示区域等操作，通过对整体的控制和对局部的修改来达到最终的设计效果。Photoshop CC 提供了一系列的图像查看命令，可以方便地完成这些操作。

2.2.1 使用导航器快速查看

【导航器】面板中包含图像的缩略图和各种窗口缩放工具。如果文件尺寸较大，画面中不能显示完整的图像，用户通过该面板定位图像的查看区域会更加方便。

1 选择【文件】命令。

2 选择【打开】命令打开文件。

3 选择【窗口】命令。

4 选择【导航器】命令。

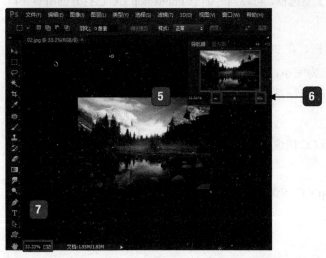

5 单击导航器中的缩小图标可以缩小图像。

6 单击放大图标可以放大图像。

7 可以在左下角的位置直接输入缩放的数值。

31

在导航器缩略窗口中使用抓手工具可以改变图像的局部区域

2.2.2 使用缩放工具查看

Photoshop CC 缩放工具又称放大镜工具，可以对图像进行放大或缩小。选择缩放工具并单击图像时，对图像进行放大处理，按住【Alt】键将缩小图像，如下图所示。

使用 Photoshop CC 缩放工具时，每单击一次都会将图像放大或缩小到下一个预设百分比，并以单击的点为中心将显示区域居中。当图像到达最大放大级别 3200% 或最小尺寸 1 像素时，放大镜看起来是空的。

调整窗口大小以满屏显示：在 Photoshop CC 缩放工具处于现用状态时，选中选项栏内的【调整窗口大小以满屏显示】复选框。当放大或缩小图像视图时，窗口的大小即会调整。

如果没有选中【调整窗口大小以满屏显示】复选框（默认设置），则无论怎样放大图像，窗口大小都会保持不变。如果用户使用的显示器比较小，或者是在平铺视图中工作，这种方式会有所帮助。

缩放所有窗口：选中【缩放所有窗口】复选框，可以同时缩放 Photoshop CC 已打开的所有窗口图像。

细微缩放：选中【细微缩放】复选框，在 Photoshop CC 图像窗口中按住鼠标左键拖动，可以随时缩放图像大小，向左拖动鼠标为缩小，向右拖动鼠标为放大。取消选中【细微缩放】复选框，在 Photoshop CC 图像窗口中按住鼠标左键拖动，可创建出一个矩形选区，将以矩形选区内的图像为中心进行放大。

适合屏幕：单击此按钮，Photoshop CC 图像将自动缩放到窗口大小，方便用户对图像的整体预览。

填充屏幕：单击此按钮，Photoshop CC 图像将自动填充整个图像窗口大小，而实际长宽比例不变。

提示：

　　本书所有的素材和结果文件，请根据前言提供的下载地址进行下载。

1 打开随书光盘中的"素材\ch02\02.jpg"文件。

2 选择【缩放工具】命令。

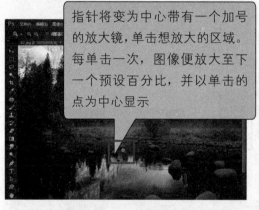

指针将变为中心带有一个加号的放大镜，单击想放大的区域。每单击一次，图像便放大至下一个预设百分比，并以单击的点为中心显示

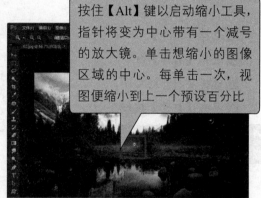

按住【Alt】键以启动缩小工具，指针将变为中心带有一个减号的放大镜。单击想缩小的图像区域的中心。每单击一次，视图便缩小到上一个预设百分比

提示：

　　按【Ctrl++】组合键以画布为中心放大图像；按【Ctrl+-】组合键以画布为中心缩小图像。

2.2.3 使用抓手工具查看

提示：

　　在使用 Photoshop CC 工具箱中任何工具时，按住【空格】键此时自动切换到"抓手工具"，按住鼠标左键，在图像窗口中拖动即可移动图像。也可以拖曳水平滚动条或垂直滚动条来查看图像。

33

1 打开素材文件，选择抓手工具。

2 鼠标指针变成手的形状，按住鼠标左键，在图像窗口中拖动即可移动图像。

2.2.4 多窗口文档的排列

小白：大神，需要同时打开很多文件窗口时，怎样使窗口看起来整齐些？

大神：很简单，只要使用 Photoshop CC 中的排列功能，就可以让打开的窗口整齐排列。

小白：哇，原来是这样啊，那要是想让它们竖向排列也可以吗？

大神：都可以实现，只要选择垂直拼贴或者水平拼贴。

小白：大神好厉害，快教教我！

大神：好的。

1 选择【文件】命令。

2 选择【打开】命令。

3 选择要打开的文件。

4 单击【打开】按钮。

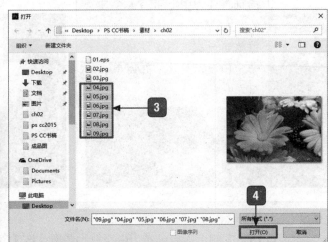

5 选择【窗口】命令。

6 选择【排列】命令。

7 选择【全部垂直拼贴】命令。

8 即可看到垂直拼贴的效果。

9 选择【窗口】命令。

10 选择【排列】命令。

11 选择【六联】命令。

12 即可看到六联的效果。

2.3 调整图像技巧

通常情况下，通过扫描或导入图像一般不能满足设计的需要，因此还需要调整图像大小，以使图像能够满足实际操作的需要。

2.3.1 快速调整图像的大小

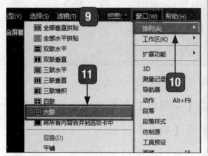

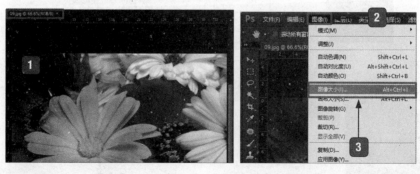

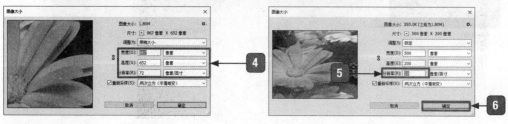

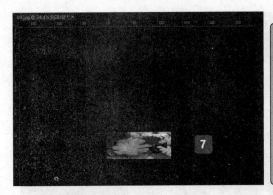

提示：

　　在调整图像大小时，位图数据和矢量数据会产生不同的结果。位图数据与分辨率有关，因此更改位图图像的像素大小可能导致图像品质和锐化程度损失。相反，矢量数据与分辨率无关，调整其大小不会降低图像边缘的清晰度。

1️⃣ 打开随书光盘中的"素材\ch02\09.jpg"图像。

2️⃣ 选择【图像】命令。

3️⃣ 选择【图像大小】命令。

4️⃣ 打开【图像大小】对话框即可看到原

图像的大小。

5️⃣ 在【分辨率】文本框中输入"10"。

6️⃣ 单击【确定】按钮。

7️⃣ 即可看到图像的大小发生了改变。

2.3.2 快速调整画布的大小

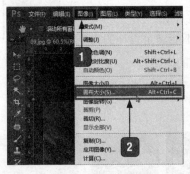

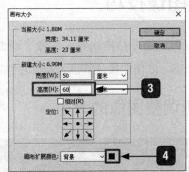

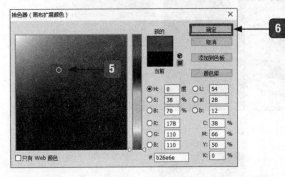

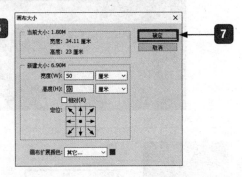

1 选择【图像】命令。

2 选择【画布大小】命令。

3 进入【画布大小】对话框，在【高度】
文本框中输入"60"厘米。

4 单击【画布扩展颜色】按钮。

5 进入【拾色器】对话框，选择一种颜色。

6 单击【确定】按钮。

7 返回【画布大小】对话框，单击【确定】
按钮。

8 即可看到调整后的效果。

2.3.3 快速调整图像的方向

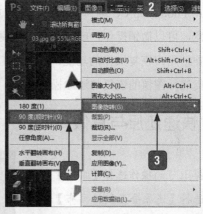

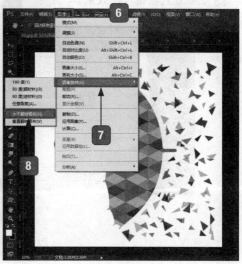

37

① 打开随书光盘中的"素材 \ch02\03.jpg"
图像。

② 选择【图像】命令。

③ 选择【图像旋转】命令。

④ 选择【90度（顺时针）】命令。

⑤ 即可看到 90° 旋转后的效果。

⑥ 选择【图像】命令。

⑦ 选择【图像旋转】命令。

⑧ 选择【水平翻转画布】命令。

即可看到水平翻转画布后的效果

2.4 恢复与还原操作

使用 Photoshop CC 编辑图像过程中，如果操作出现了失误或对创建的效果不满意，可以撤销操作，或者将图像恢复到最近保存过的状态，Photoshop CC 中文版提供了很多帮助用户恢复操作的功能，有了它们作保证，用户就可以放心大胆地创作了，下面就介绍如何进行图像的恢复与还原操作。

2.4.1 快速还原与重做

① 接上节的操作选择【编辑】命令。

② 选择【还原垂直翻转画布】命令。

③ 即可看到撤销后的效果。

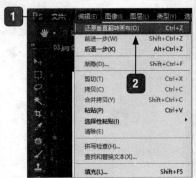

4 选择【编辑】命令。

5 选择【重做垂直翻转画布】命令。

6 即可看到重做后的效果。

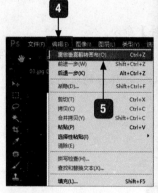

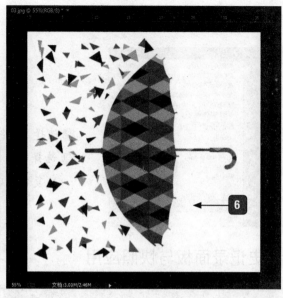

2.4.2 前进与撤销技巧

在 Photoshop CC 中【还原】命令只能还原一步操作，而选择【编辑】→【后退一步】命令则可以连续还原。连续执行该命令，或者连续按下【Alt+Ctrl+Z】组合键，便可以逐步撤销操作。

选择【后退一步】命令后，可选择【编辑】→【前进一步】命令恢复被撤销的操作，连续执行该命令，或者连续按下【Shift+Ctrl+Z】组合键，可逐步恢复被撤销操作。

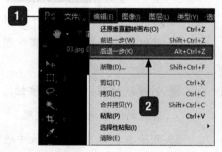

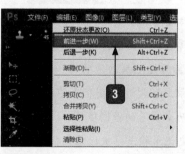

1 选择【编辑】命令。

2 选择【后退一步】命令可以连续还原。连续执行该命令，或者连续按下【Alt+Ctrl+Z】组合键，便可以逐步撤销操作。

3 选择【前进一步】命令恢复被撤销的操作，连续执行该命令，或者连续按下【Shift+Ctrl+Z】组合键，可逐步恢复被撤销操作。

2.4.3 恢复文件技巧

1 选择【文件】命令。

2 选择【恢复】命令，可以直接将文件
恢复到最后一次保存的状态。

2.4.4 历史记录面板与快照应用

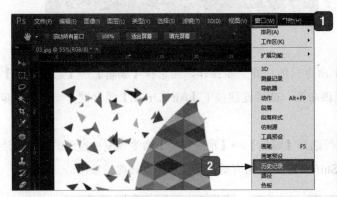 

1 选择【窗口】菜单。

2 选择【历史记录】命令。

3 设置历史记录画笔的源：在使用历史
记录画笔时，该图标所在的位置将作
为历史画笔的源图像。

4 历史记录状态：被记录的操作命令。

5 当前状态：将图像恢复到当前命令的
编辑状态。

6 从当前状态创建新文档：单击该按钮，
可以基于当前操作步骤中图像的状态
创建一个新的文件。

7 创建新快照：单击该按钮，可以基于
当前的图像状态创建快照。

8 删除当前状态：在面板中选择某个操
作步骤后，单击该按钮可将该步骤及
后面的步骤删除。

2.5 综合实战——我的第一个 CG 作品

本节主要通过历史记录面板制作一个 CG 作品，主要涉及打开文件、渐变
填充、快照、降低图层透明度等操作。

1. 打开文件

1 选择【文件】命令。

2 选择【打开】命令。

3 打开随书光盘中的"素材 \ch02\10.jpg"图像。

2. 制作渐变填充效果

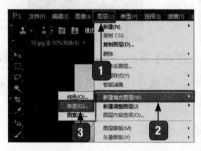
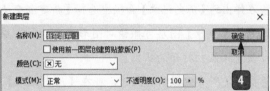

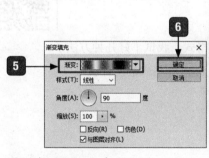

1 选择【图层】命令。

2 选择【新建填充图层】命令。

3 选择【渐变】命令。

4 进入【新建图层】对话框,单击【确定】按钮。

5 进入【渐变填充】对话框,在【渐变】

下拉列表中选择【透明彩虹】渐变。

6 单击【确定】按钮。

7 在【图层】面板中将【渐变】图层的混合模式设置为【颜色】。

8 设置好的渐变填充效果。

3. 快照

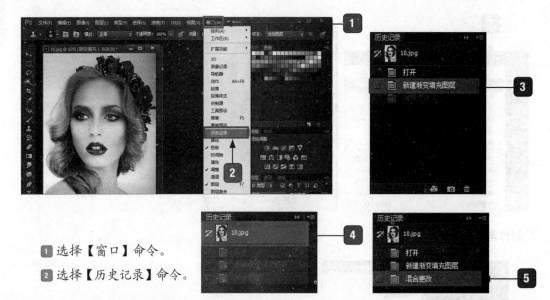

1 选择【窗口】命令。

2 选择【历史记录】命令。

3 在弹出的【历史记录】面板中选择【新建渐变填充图层】图层，可将图像恢复至该步骤。

4 选择【快照】图层可撤销对图形进行的所有操作，即使中途保存过该文件，也可将其恢复到最初打开的状态。

5 要恢复所有被撤销的操作，可在【历史记录】面板中选择【混合更改】图层。

痛点解析

痛点 1：制作 PDF 格式文件

小白：心好累啊，客户要求我把 PS 文件转换为 PDF 格式，我试了好几种方法了。

大神：小事一桩！其实在你存储文件的时候选择存储为 PDF 格式的文件就可以了。

小白：真的就这么简单吗？

大神：当然啦！我带你一起操作一下吧！

1 选择【文件】命令。

2 选择【存储为】命令。

3 选择文件保存的位置。

4 在【文件名】文本框中输入文件名称。

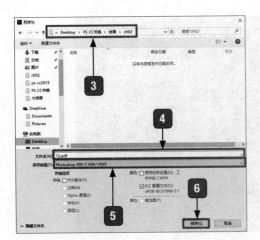

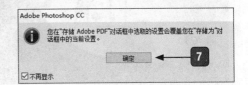

5 在【保存类型】文本框中设置保存类型为"PDF"。

6 单击【保存】按钮。

7 提示覆盖当前设置，单击【确定】按钮。

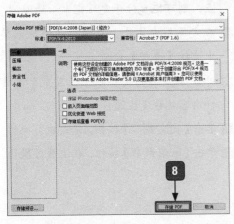

8 进入【存储 Adobe PDF】对话框，单击【存储 PDF】按钮。

痛点 2：裁剪工具使用技巧

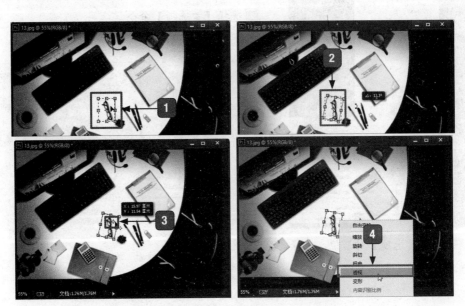

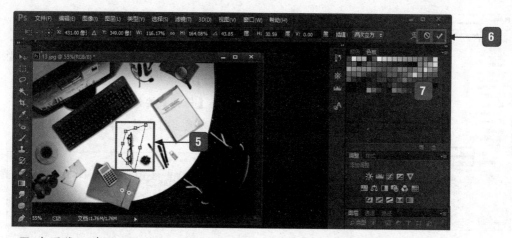

1. 在图像上建立矩形选框，如果要将选框移动到其他的位置，则可将指针放在定界框内并拖曳。

2. 如果要旋转选框，则可将指针放在定界框外（指针变为弯曲的箭头形状）并拖曳。

3. 如果要移动选框旋转时所围绕的中心点，则可拖曳位于定界框中心的圆。

4. 在定界框内右击，在弹出的快捷菜单中选择【透视】命令。

5. 并在 4 个角的定界点上拖曳鼠标，这样内容就会发生透视。

6. 单击【提交裁剪】按钮，完成裁剪操作。

7. 单击【取消裁剪】按钮，取消裁剪操作。

痛点 3：Photoshop CC 临时文件位置

1. 选择【编辑】命令。

2. 选择【首选项】命令。

3. 选择【性能】命令。

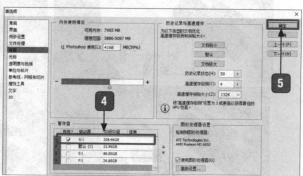

4. 进入【首选项】对话框，选择暂存盘的位置。

5. 单击【确定】按钮。

![大神支招]

1.裁剪图像技巧

（1）最常用的方法——使用【裁剪】命令裁剪图像。

1️⃣ 打开随书光盘中的"素材 \ch02\09.jpg"
图像。

2️⃣ 单击工具箱中的【矩形选框工具】按钮。

3️⃣ 在图像中绘制出一个矩形选框。

4️⃣ 选择【图像】命令。

5️⃣ 选择【裁剪】命令。

6️⃣ 裁剪后的效果。

单击工具选项栏中【裁剪工具】左侧的下拉按钮，可以打开工具预设选取器，如下图所示，在预设选取器中可以选择预设的参数对图像进行裁剪。

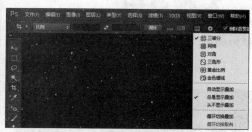

（2）最便捷的方法——使用【裁剪工具】裁剪图像。

1 单击工具箱中的【裁剪工具】按钮。

2 在图像中拖曳鼠标绘制一个矩形选框。

3 松开鼠标左键即可看到选定的裁剪范围。

4 将鼠标指针移至定界框的控制点上，单击
并拖动鼠标调整定界框的大小，也可以进
行旋转。

5 按【Enter】键即可确认裁剪。

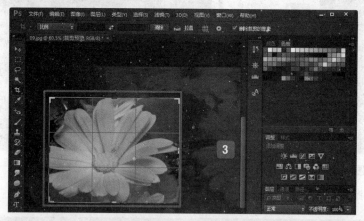

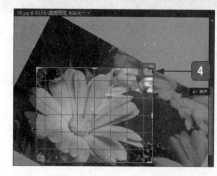

2. 图像的变换与变形

1 打开随书光盘中的"素材\ch02
\11.jpg、12.jpg"图像。

2 选择工具箱中的【移动工具】。

3 将"12.jpg"拖曳到"11.jpg"
文档中。

4 同时生成【图层1】图层。

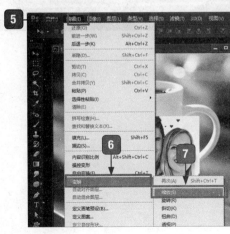

47

5 选择【编辑】命令。

6 选择【变换】命令。

7 选择【缩放】命令。

8 调整"12.jpg"的大小和位置。

9 在定界框内右击，在弹出的快捷
菜单中选择【变形】命令。

10 按【Enter】键确认调整。

11 在【图层】面板中设置【图层1】
图层的混合模式为【深色】。

12 即可得到最终效果。

第3章

选区抠图

>>> 创建选区有多少种方法呢？在什么情况下选择什么样的方法合适呢？

>>> 选区没有把要选择的对象完全选中怎么办？多选或少选了怎么补救呢？

>>> 想要抠取的图像不是规则图像？我们怎么对不规则的选区进行选择？

这一章就来告诉你 Photoshop CC 中抠图的操作！

3.1 认识选区

在 Photoshop CC 中，选区是一个非常重要的概念，选区即是选取一部分图像，用户可以对选中的部分图像进行编辑。

Photoshop 中的选区大部分是用选取工具来实现的。选取工具共 8 个，集中在工具箱上部。分别是矩形选框工具、椭圆选框工具、单行选框工具、单列选框工具、套索工具、多边形套索工具、磁性套索工具、魔棒工具。其中前 4 个属于规则选取工具。在抠图的过程中，首先需要学会如何选取图像。在 Photoshop CC 中对图像的选取可以通过多种选取工具。

被选中的选区以虚线框显示，用户可以对选中的图像进行操作编辑

3.2 多方法创建选区

Photoshop CC 提供了多种创建选区的方法，包括使用矩形选框工具、椭圆选框工具、套索工具、多边形套索工具、磁性套索工具、魔棒工具、快速选择工具、选择命令、色彩范围命令等。

3.2.1 使用【矩形选框工具】创建选区

> **提示:**
>
> 【矩形选框工具】主要用于创建矩形的选区，从而选择矩形的图像，是 Photoshop CC 中比较常用的工具。使用该工具仅限于选择规则的矩形，不能选取其他形状。

1 打开随书光盘中的"素材 \ch03\02.jpg"文件。

2 单击工具箱中的【矩形选框工具】按钮。

3 按住【Ctrl】键的同时拖动鼠标，可移动选区及选区内的图像。

4 按住【Ctrl+Alt】组合键的同时拖动鼠标，则可复制选区及选区内的图像。

5 按【Ctrl+D】组合键可以取消选区。

3.2.2 使用【椭圆选框工具】创建选区

1 打开随书光盘中的"素材 \03\03.jpg"文件。

2 单击工具箱中的【椭圆选框工具】按钮。

3 在画面中蒲公英处拖动鼠标，创建一个椭圆选区。

> **提示:**
>
> 选取圆形或椭圆形对象时可以使用【椭圆选框工具】。

4 按住【Shift】键并拖动鼠标，可以绘制一个圆形选区。

5 使用鼠标从标尺处拖曳出两条辅助线。

6 按住【Shift】键并拖动鼠标，可以绘制一个圆形选区。

3.2.3 使用【套索工具】创建选区

提示：

　　【套索工具】的作用是，可以在画布上任意的绘制选区，选取没有固定的形状。应用【套索工具】可以以手绘形式随意地创建选区。

　　在使用【套索工具】创建选区时，如果释放鼠标时起始点和终点没有重合，系统会在它们之间创建一条直线来连接选区。

　　在使用【套索工具】创建选区时，按住【Alt】键再释放鼠标左键，可切换为【多边形套索工具】，移动鼠标指针至其他区域单击可绘制直线，放开【Alt】键可恢复为【套索工具】。

1 打开随书光盘中的"素材\03\04.jpg"文件。

2 单击工具箱中的【套索工具】按钮。

3 单击图像上的任意一点作为起始点，

按住鼠标左键拖曳出需要选择的区域，到达合适的位置后松开鼠标，选区将自动闭合。

3.2.4 使用【多边形套索工具】创建选区

> **提示：**
>
> 【多边形套索工具】可以绘制一个边缘规则的多边形选区，适合选择多边形选区。

1 打开随书光盘中的"素材 \03\05.jpg"文件。

2 单击工具箱中的【多边形套索工具】按钮。

3 单击木门上的一点作为起始点，然后依次在木门的边缘选择不同的点，最后汇合到起始点或者双击就可以自动闭合选区。

3.2.5 使用【磁性套索工具】创建选区

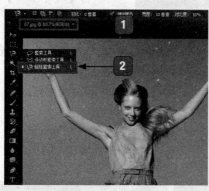

> **提示：**
>
> 【磁性套索工具】可以智能地自动选取，特别适用于快速选择与背景对比强烈而且边缘复杂的对象。

1 打开随书光盘中的"素材 \03\07.jpg"文件。

2 单击工具箱中的【磁性套索工具】按钮。

3 在图像上单击以确定第一个紧固点，

将鼠标指针沿着要选择图像的边缘慢慢地移动，选取的点会自动吸附到色彩差异的边缘。拖曳鼠标使线条移动至起点，单击即可闭合选区。

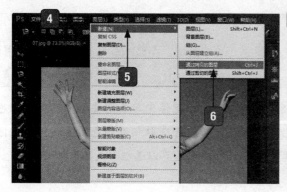

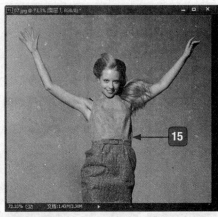

4 选择【图层】命令。

5 选择【新建】命令。

6 选择【通过拷贝的图层】命令，即可新建图层。

7 选择【图像】命令。

8 选择【调整】命令。

9 选择【替换颜色】命令。

10 进入【替换颜色】对话框，单击【吸管工具】按钮。

11 选中【选区】单选按钮，并在图像上单击选择要替换颜色的区域。

12 设置【颜色容差】为"172"，在颜色预览框看到要替换的颜色。

13 在【替换】区域调整色相、饱和度与

明度，拖动滑块到合适的位置即可在【结果】预览框中查看结果颜色。

14 单击【确定】按钮。

15 在图像上即可看到替换颜色后的结果。

3.2.6 使用【魔棒工具】创建选区

提示：
　　使用【魔棒工具】可以自动地选择颜色一致的区域，不必跟踪其轮廓，特别适用于选择颜色相近的区域。

1 打开随书光盘中的"素材 \03\08.jpg"文件。

2 单击工具箱中的【魔棒工具】按钮。

3 设置【容差】为30。

4 在图像中单击想要选取的皮肤颜色，即可选取相近颜色的区域。所选区域的边界以选框形式显示。

3.2.7 使用【快速选择工具】创建选区

> **提示:**
>
> 　　使用【快速选择工具】可以通过拖动鼠标，快速地选择相近的颜色，并且建立选区，
> 【快速选择工具】可以更加方便快捷地进行选取操作。

1 打开随书光盘中的"素材 \03\09.jpg"
　文件。

2 单击工具箱中的【快速选择工具】按钮。

3 设置合适的画笔大小。

4 单击【添加】按钮，可以进行区域加选。

5 在要选择的区域拖曳出选区。

3.2.8 使用【选择】命令选择选区

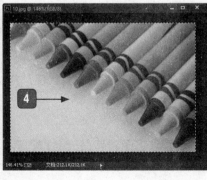

1 打开随书光盘中的"素材 \03\10.jpg"
　文件。

2 选择【选择】命令。

3 选择【全部】命令。

4 即可选择当前图层中图像的全部图像。

3.2.9 使用【色彩范围】命令选择选区

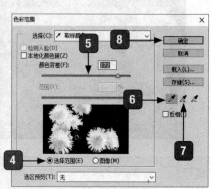

1 打开随书光盘中的"素材 \03\11.jpg"文件。

2 选择【选择】命令。

3 选择【色彩范围】命令。

4 进入【色彩范围】对话框,选中【选择范围】单选按钮。

5 调整【颜色容差】数值,可以调整选取图像的范围。

6 使用【吸管】工具创建选区,对图像中想要的区域进行取样。

7 使用【添加到取样】吸管向选区添加色相。

8 单击【确定】按钮。

9 即可在图像中建立与选择的色彩相近的图像选区。

3.3 选区的操作技巧

　　掌握选区的操作技巧,可以提高用户的工作效率,如快速选择选区与反选选区、取消选择和重新选择、创建选区、添加选区与减去选区、羽化选区、精确选择选区与移动选区等。

3.3.1 快速选择选区与反选选区

1. 打开随书光盘中的"素材\03\12.jpg"文件。

2. 选择工具箱中的【魔棒工具】。

3. 设置合适的容差值。

4. 在图像中要选择的位置单击，即可选择图像区域。

5. 选择【选择】命令。

6. 在弹出的级联菜单中选择【反向】命令。

7. 即可反选选区。

3.3.2 取消选择和重新选择

 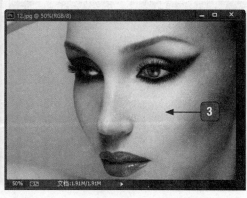

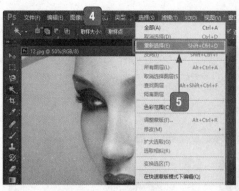

1. 选择【选择】命令。

2. 在弹出的级联菜单中选择【取消选择】命令。

3. 即可取消对当前图层中图像的选择。

4. 选择【选择】命令。

5. 在弹出的级联菜单中选择【重新选择】命令。

6. 即可重新选择已取消的选区。

3.3.3 建选区

1. 打开随书光盘中的"素材 \03 \13.jpg"文件。

2. 单击工具箱中的【椭圆选框工具】按钮。

3. 在画面中拖动鼠标，创建一个椭圆选区。

3.3.4 添加选区与减去选区

■1 单击【添加到选区】按钮。

■2 即可在画面中添加选区。

■3 单击【从选区减去】按钮。

■4 即可在画面中减去选区。

3.3.5 羽化选区

■1 打开随书光盘中的"素材\03\14.jpg"文件。

■2 单击工具箱中的【椭圆选框工具】按钮。

■3 在画面中拖动鼠标，创建一个椭圆选区。

■4 选择【选择】命令。

■5 选择【修改】命令。

■6 选择【羽化】命令。

■7 在【羽化选区】对话框中设置羽化半径为"30"像素。

■8 单击【确定】按钮。

■9 选择【选择】命令。

■10 选择【反向】命令，反选选区。

59

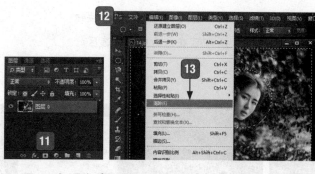
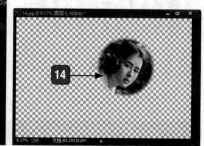

11 双击【背景】图层，即可把【背景】
图层变为【图层 0】图层。

12 选择【编辑】命令。

13 选择【清除】命令。

14 按【Ctrl+D】组合键取消选区，即可得
到最终效果。

3.3.6 精确选择选区与移动选区

1 打开随书光盘中的"素材\03\
15.jpg"文件。

2 单击工具箱中的【椭圆选框工具】
按钮。

3 在工具选项栏【样式】下拉列表
中选择【固定大小】选项。

4 设置选框的宽度与高度为"400
厘米"。

5 在画面中向日葵处拖动鼠标，创建一个椭圆选区。

6 按【Ctrl】键，鼠标指针即可变为移动指针，单击拖曳鼠标可以移动选区内图像的位置。

3.3.7 隐藏或显示选区

1. 最常用的方法——使用【视图】命令

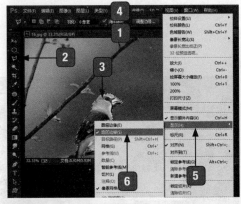

1 打开随书光盘中的"素材 \03\16.jpg"文件。

2 单击工具箱中的【多边形套索工具】按钮。

3 在画面中小鸟处选出小鸟的区域，边缘即可以虚线显示。

4 选择【视图】命令。

5 选择【显示】命令。

6 选择【选区边缘】命令。

7 图像上即可取消显示选区边缘虚线。

8 选择【视图】命令。

9 选择【显示】命令。

10 再次选择【选区边缘】命令。

11 选区即可再次显示选区边缘。

2. 最快捷的方法——使用快捷键隐藏选区

使用【Ctrl+H】组合键即可快速切换显示隐藏选区。

3.4 快速编辑选区

在很多时候建立的选区并不是设计所需要的范围，这时还需要对选区进行编辑修改等。

3.4.1 修改选区

1 单击工具箱中的【矩形选框工具】按钮。

2 在画面中向日葵处拖动鼠标，创建一个矩形选区。

3 选择【选择】命令。

4 选择【修改】命令。

5 选择【边界】命令。

6 在【边界选区】对话框的【宽度】文本框中输入"80"像素。

7 单击【确定】按钮。

8 即可在图像中调整选区的宽度。

9 双击【背景】图层，把图层变为可编辑图层。

10 按【Delete】键，再按【Ctrl+D】组合键取消选区，即可制作出一个选区边框。

3.4.2 扩大选区

1 打开随书光盘中的"素材 \03\19.jpg"
文件。

2 单击工具箱中的【矩形选框工具】
按钮。

3 在画面中荷花处拖动鼠标，创建一
个矩形选区。

4 选择【选择】命令。

5 选择【扩大选取】命令。

6 可看到与矩形选框内颜色相近的相邻像素都被选中了。可以多次执行此命令，直至选
择了合适的范围为止。

3.4.3 选取相似选区

小白：大神，好神奇啊，你是怎么突然之间选择了所有的相同颜色的呀？这样操作太方便了！

大神：其实也很简单啊，可以通过一个很简单的命令就能实现。

小白：真的吗？那大神你快教我操作操作吧！

大神：好的，来跟我一起看吧。

1 接上节的操作，选择【选择】命令。

2 选择【选取相似】命令。

3 这样包含于整个图像中的与当前选区颜色相邻或相近的所有像素就都会被选中。

3.4.4 变换选区

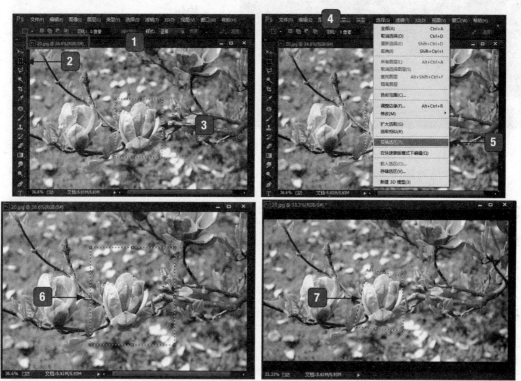

1 打开随书光盘中的"素材 \03\20.jpg"文件。

2 单击工具箱中的【矩形选框工具】按钮。

3 在画面中拖动鼠标，创建一个矩形选区。

④ 选择【选择】命令。

⑤ 选择【变换选区】命令。

⑥ 按住【Ctrl】键来调整节点可以变换选区的大小。

⑦ 按【Enter】键确认选区的调整。

3.4.5 存储选区

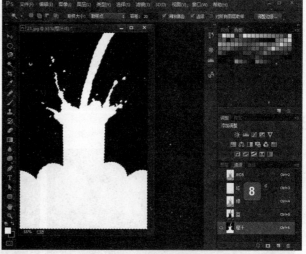

① 打开随书光盘中的"素材\03\21.jpg"文件。

② 使用【魔棒工具】选取图像中的区域。

③ 选择【选择】命令。

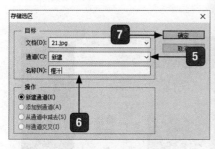

④ 选择【存储选区】命令。

⑤ 打开【存储选区】对话框，在【通道】下拉列表框中选择【新建】选项。

⑥ 在【名称】文本框中输入"橙汁"。

⑦ 单击【确定】按钮。

⑧ 在通道中就会出现一个新建的存储文档通道文件。

65

3.4.6 载入选区

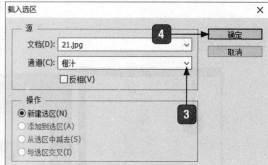

1 选择【选择】命令。

2 选择【载入选区】命令。

3 打开【载入选区】对话框，在【通道】下拉列表
框中出现已经存储好的通道名称"橙汁"。

4 单击【确定】按钮。

> **提示：**
> 　选中【反向】复选框可以选择相反的
> 选区。

5 即可载入保存的选区。

3.4.7 移动选区

1 打开随书光盘中的"素材 \03\22.jpg"
文件。

2 在画面中花朵处拖动鼠标，创建一个

矩形选区。

3 选择【选择】命令。

4 选择【变换选区】命令。

5 按住鼠标左键即可移动选区。　　　　6 按【Enter】键确定选区的移动。

3.5 抠图技巧

"抠图"是图像处理中最常用的操作之一。将图像中需要的部分从画面中精确地提取出来，就称为抠图，抠图是后续图像处理的重要基础。

3.5.1 认识抠图

抠图就是把图片或影像的某一部分从原始图片或影像中分离出来成为单独的图层。主要功能是为了后期的合成做准备。方法有套索工具、选框工具直接选择、快速蒙版、钢笔勾画路径后转选区、抽出滤镜、外挂滤镜抽出、通道、计算等方法。抠图又称去背或退底。

抠图是指把前景和背景分离的操作，当然什么是前景和背景取决于操作者。例如，一幅蓝色背景的人像图，用魔棒或其他工具把蓝色部分选出来，再删掉就是一种抠图的过程。

影像中也有抠图一说，或称为键控。拍摄电影时人物在某种单色背景前活动(如蓝或绿)，后期制作中用工具把背景色去掉，换上人为制作的场景，就可合成各种特殊场景或特技。

3.5.2 快速抠图工具

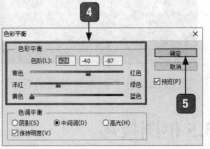

1 按 3.2.7 小节的操作，选择【图像】命令。

2 选择【调整】命令。

3 选择【色彩平衡】命令。

4 在【色彩平衡】对话框中调整选中区域的色彩。

5 单击【确定】按钮。

6 按【Ctrl+D】组合键取消选区。

3.5.3 用魔棒工具抠图

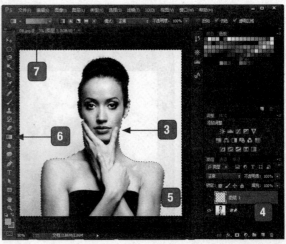

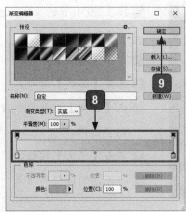

1　接 3.2.6 小节的操作，选择【选择】命令。

2　选择【反向】命令。

3　即可在图像上选择相反的区域。

4　单击【新建图层】按钮。

5　即可新建【图层1】。

6　在工具箱中单击【渐变工具】按钮。

7　单击【点按可编辑渐变】按钮。

8　在【渐变编辑器】窗口中根据个人爱好设置渐变色。

9　单击【确定】按钮。

10　在图像上单击并拖曳。

11　即可为选择的区域制作出渐变。

3.5.4　用色彩范围抠图

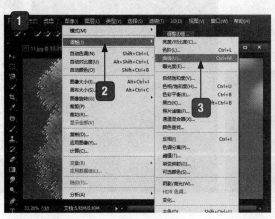

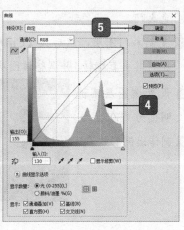

69

1 接 3.2.9 小节的操作,选择【图像】
　 命令。

2 选择【调整】命令。

3 选择【曲线】命令。

4 在【曲线】对话框中使用【曲线】
　 调整图像。

5 单击【确定】按钮。

6 即可得到调整的结果。

3.5.5 多边形抠图技巧

1 接 3.2.4 小节的操作,选择【编辑】命令。
2 选择【自由变换】命令。

3 把选区内的图像移动到文件"06.jpg"
　 中,调整木门的大小,使其正好覆盖白
　 色大门。

4 复制木门图层,然后按【Ctrl+T】组合
　 键将其垂直翻转,并调整该图层的位置。

5 设置该图层不透
　 明度为"50%"。

6 制作出倒影效果。

> **提示：**
>
> 　　虽然可以为【多边形套索工具】在【选项栏】中指定"羽化"值，但是这不是最佳实践，因为该工具在更改"羽化"值之前仍保留该值。如果发现需要羽化用【多边形套索工具】创建的选区，请选择【选择】→【羽化】命令并为选区指定合适的羽化值。

3.6 综合实战——界面设计作品

　　本节通过选区抠图的方法设计一个界面作品，主要设计新建画布、填充渐变色、图像抠图、添加文字等操作。

1. 新建画布

 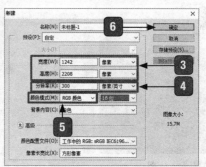

1 选择【文件】命令。

2 选择【新建】命令。

3 在【新建】对话框中，设置文档的宽度为"1242"像素，高度为"2208"像素。

4 在【分辨率】文本框中输入"300"像素/英寸。

5 在【颜色模式】下拉列表中选择"RGB颜色"。

6 单击【确定】按钮。

2. 填充渐变色

1 单击【新建图层】按钮。

2 即可为文件新建【图层1】图层。

3 重复3.5.3小节的步骤，打开【渐变编辑器】窗口。

4 设置渐变的颜色。

5 单击【确定】按钮。

71

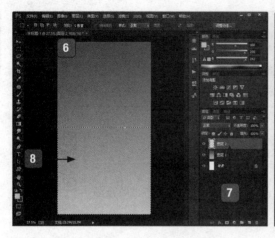

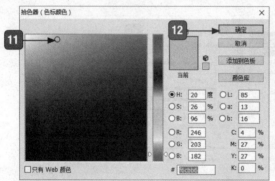

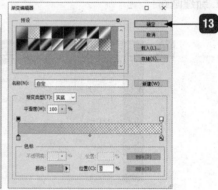

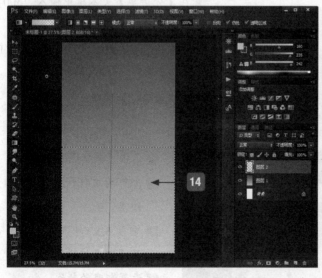

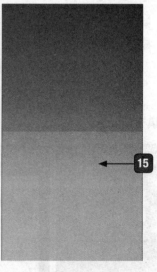

72

⑥ 单击【矩形选框工具】按钮。　　⑧ 在图像中建立矩形选区。

⑦ 新建【图层2】图层。　　　　　⑨ 重复上面的操作步骤，在打开的【渐

变编辑器】窗口中选择一种渐变。

10 单击【颜色】预览框。

11 在【拾色器】对话框中选择新颜色。

12 单击【确定】按钮。

13 返回【渐变编辑器】窗口，单击【确定】按钮。

14 为选择的区域填充渐变色。

15 填充渐变色后的效果。

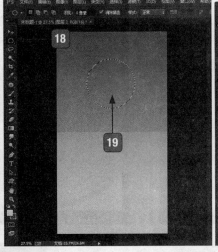

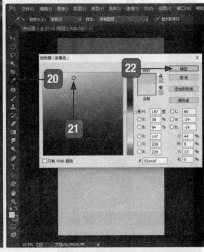

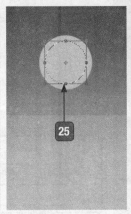

16 单击【新建图层】按钮。

17 新建【图层3】图层。

18 单击工具箱中的【椭圆选框工具】按钮。

19 在图像合适的位置建立椭圆选区。

20 单击工具箱中的【吸管工具】按钮，选择【颜色取样器工具】。

21 在【拾色器】对话框中选择要填充的颜色。

22 单击【确定】按钮。

23 按【Alt+Delete】键填充选区。

24 在椭圆选区内右击，在弹出的快捷菜单中选择【变换选区】命令。

25 按【Alt+Shift】组合键，调整选框的大小。

26 在选区填充白色。

3. 图像抠图

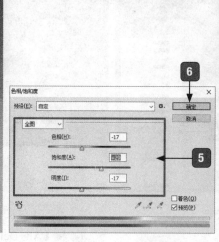

1️⃣ 打开随书光盘中的"素材 \ch03\23.jpg"文件。

2️⃣ 单击工具箱中的【魔棒工具】按钮。

3️⃣ 按【Ctrl】键移动选区。

4️⃣ 调整图像的大小并移动到合适的位置。

5️⃣ 按【Ctrl+U】组合键，打开【色相／饱和度】对话框，并调整色相。

6️⃣ 单击【确定】按钮。

7️⃣ 即可看到调整后的效果。

4. 添加文字

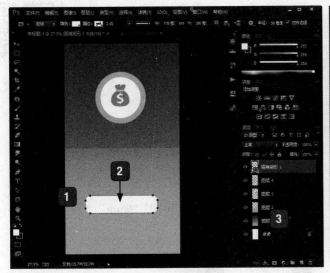 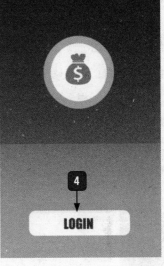

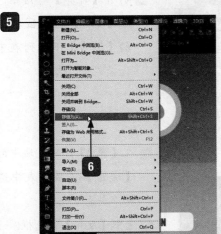 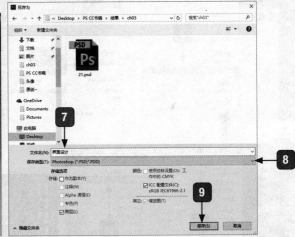

1 单击工具箱中的【圆角矩形工具】按钮。

2 在图像上建立圆角矩形，并填充为白色。

3 即可新建【圆角矩形 1】图层。

4 按【T】键，在圆角矩形上添加文字"LOGIN"。

5 选择【文件】命令。

6 选择【存储为】命令。

7 打开【另存为】对话框在【文件名】文本框中输入"界面设计"。

8 在【保存类型】下拉列表中选择保存的类型。

9 单击【保存】按钮，即可存储文件。

75

痛点解析

痛点：发丝抠图

小白：郁闷啊！我要修一张照片，把人物从白色背景中抠出来，可是头发丝总是抠不细致，难道要一根一根的弄吗？

大神：其实不用那么麻烦，只需要通过通道处理发丝就可以处理得很自然了。

小白：真的有那么神奇吗？

大神：当然，带你见证奇迹吧！

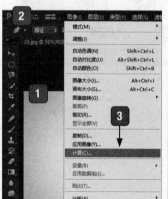

1 打开随书光盘中的"素材\03\26.jpg"文件。

2 选择【图像】命令。

3 选择【计算】命令。

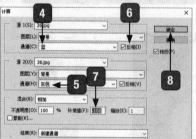

4 打开【计算】对话框，在【源1】选项区域中的【通道】下拉列表中选择"蓝"选项。

5 在【源2】选项区域中的【通道】下拉列表中选择"灰色"选项。

6 选中【反相】复选框。

7 在【补偿值】文本框中输入"-100"。

8 单击【确定】按钮。

9 选择【图像】命令。

10 选择【调整】命令。   11 选择【色阶】命令。

12 在【通道】面板中即可出现"Alpha 1"通道。

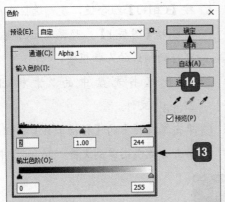

⑬ 打开【色阶】对话框，在【通道】下拉列表中选择【Alpha 1】选项，滑动滑条，使人物发丝边缘更细致。

14 单击【确定】按钮。

15 返回到文件中即可看到黑白对比效果。

16 使用【画笔工具】，设置背景色为白色，擦除人物轮廓中的黑灰色区域。

17 在【通道】面板中选择【Alpha 1】通道。

18 即可生成人物选区。

19 按【Ctrl+J】组合键，复制选区生成新图层为【图层 1】，隐藏原始图层。即可得到细致的人物抠图。

20 打开随书光盘中的"素材\ch03\27.jpg"文件。

21 单击工具箱中的【移动工具】按钮。

22 单击并拖曳图像到文件"26.jpg"中。

23 在【图层 1】下方插入一个背景图层。

24 图像中显示出清晰的人物发丝抠图效果。

大神支招

1. 快速选取照片中的人物

1 打开随书光盘中的"素材\03\24.jpg"文件。

2 单击工具箱中的【快速选择工具】按钮。

③ 在人像区域建立选区。

④ 选择【选择】命令。

⑤ 选择【调整边缘】命令。

提示：

　　使用【快速选择工具】进行选择时，可以搭配使用【添加到选区】按钮和【从选区减去】按钮，可以更快速精确地得到想要的选区。

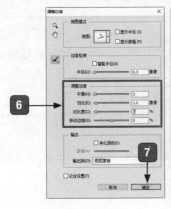

⑥ 在【调整边缘】对话框中，根据图示内容进行边缘参数的设置。

⑦ 单击【确定】按钮。

⑧ 即可快速选取照片中的人物。

2. 最精确的抠图工具

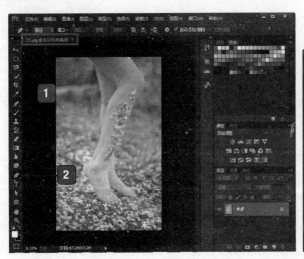

1 打开随书光盘中的"素材 \03\25.jpg"
文件。

2 单击工具箱中的【钢笔工具】按钮。

3 在图中单击并添加节点，并合并区域。

4 即可在【路径】面板中出现"工作路径"。

5 单击【将路径作为
选区载入】按钮。

6 即可把路径建立为
选区。

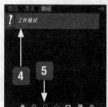

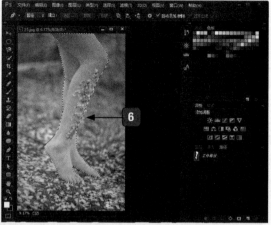

提示：

　　每个节点都有两个弧度调节点，调节两节点之间的弧度，使线条尽可能地贴近图形边缘，这是光滑的关键步骤。

　　增加节点：如果节点不够，可以松开【Ctrl】键，用鼠标在路径上增加。

　　删除节点：如果节点过多，可以松开【Ctrl】键，将鼠标指针移到节点上，鼠标指针旁边出现"一"号时，单击该节点即可删除。

第4章

图像的绘制与修饰

>>> Photoshop CC 具有强大的图像修饰功能,想不想
知道都能使用它做什么呢?

>>> 别人给一个剪影描绘出了大小合适光滑的轮廓,
他们是怎么做到的呢?

>>> 脸上长了痘痘,可是不想在照片上看到怎么办?

>>> 怎样消除眼角的鱼尾纹,让自己看起来更年轻呢?

这一章就来告诉你 Photoshop CC 中图像修饰的
秘诀!

4.1 快速设置颜色

Photoshop CC 有许多快速设置颜色的方法，下面将详细介绍设置前景色和背景色、用吸管工具选取颜色、用颜色面板调整颜色、用色板面板调整颜色等内容。

4.1.1 Photoshop 色彩必修课

颜色模式决定显示和打印电子图像的色彩模型（简单说色彩模型是用于表现颜色的一种数学算法），即一幅电子图像用什么样的方式在计算机中显示或打印输出。

常见的颜色模式包括位图模式、灰度模式、双色调模式、HSB（表示色相、饱和度、亮度）模式、RGB（表示红、绿、蓝）颜色模式、CMYK（表示青、洋红、黄、黑）颜色模式、Lab 颜色模式、索引颜色模式、多通道模式以及 8 位 /16 位 /32 位通道模式，如下图所示。

| 位图(B) |
| 灰度(G) |
| 双色调(D) |
| 索引颜色(I)... |
| ✓ RGB 颜色(R) |
| CMYK 颜色(C) |
| Lab 颜色(L) |
| 多通道(M) |
| ✓ 8 位/通道(A) |
| 16 位/通道(N) |
| 32 位/通道(H) |
| 颜色表(T)... |

1. RGB 颜色模式

Photoshop 的 RGB 颜色模式使用 RGB 模型，对于彩色图像中的每个 RGB（红色、绿色、蓝色）分量，为每个像素指定一个 0（黑色）到 255（白色）之间的强度值。例如，亮红色可能 R 值为 246，G 值为 20，而 B 值为 50。

通常情况下 RGB 的 3 个分量各有 256 级亮度，用数字 0，1，2，…，255 表示。注意，虽然数字最高是 255，但 0 也是数字之一，因此共有 256 级。

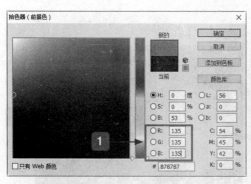

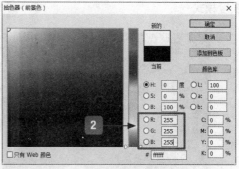

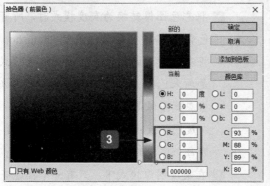

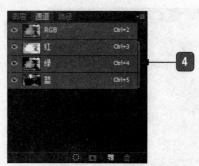

1 当这3个分量的值相等时,结果是灰色。

2 当所有分量的值均为255时,结果是纯白色。

3 当所有分量的值都为0时,结果是纯黑色。

4 RGB图像使用3种颜色或3个通道在屏幕上重现颜色。

2. CMYK 颜色模式

1 CMYK代表印刷上用的四种颜色,C代表青色(Cyan),M代表洋红色(Magenta),Y代表黄色(Yellow),K代表黑色(Black)。

2 CMYK灰度表示油墨浓度,CMYK通道灰度图中较白部分表示油墨含量较低,较黑部分表示油墨含量较高,纯白表示完全没有油墨,纯黑表示油墨浓度最高。

3. 灰度模式

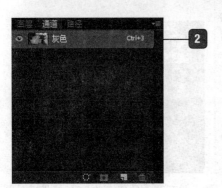

1 将彩色图像转换为灰度模式时，所有的颜色信息都将被删除。虽然 Photoshop 允许将灰度模式的图像再转换为彩色模式，但是原来已经丢失的颜色信息不能再恢复。当灰度图像是从彩色图像模式转换而来时，灰度图像反映的是原彩色图像的亮度关系，即每个像素的灰阶对应着原像素的亮度。

2 在灰度图像模式下，只有一个描述亮度信息的通道。

4. 位图模式

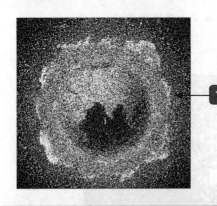

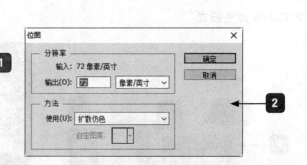

> **提示：**
> 当一幅彩色图像要转换成黑白模式时，不能直接转换，必须先将图像转换成灰度模式。

1 在位图模式下，图像的颜色容量是一位，即每个像素的颜色只能在两种深度的颜色中选择，不是黑就是白。相应的图像也就是由许多个小黑块和小白块组成的。

2 选择【图像】→【模式】→【位图】命令，弹出【位图】对话框，从中可以设定转换过程中的减色处理方法。

5. 双色调模式

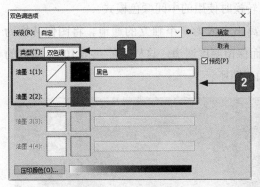

① 可以从【单色调】【双色调】【三色调】和【四色调】中选择一种套印类型。

② 选择了套印类型后，即可在各色通道中用曲线工具调节套印效果。

③ 即可得到双色调模式的图像。

6. 索引颜色模式

索引颜色模式的优点是文件格式比较小，同时保持视觉品质不单一，因此非常适于用来做多媒体动画和 Web 页面。在索引颜色模式下只能进行有限的编辑，若要进一步进行编辑，则应临时转换为 RGB 模式。索引颜色文件可以存储为 Photoshop、BMP、GIF、Photoshop EPS、大型文档格式（PSB）、PCX、Photoshop PDF、Photoshop Raw、Photoshop 2.0、PICT、PNG、Targa 或 TIFF 等格式。

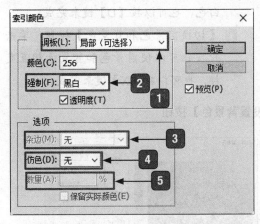

① 【调板】下拉列表：用于选择在转换为索引颜色时使用的调色板，如需要制作 Web 网页，则可选择 Web 调色板。

② 【强制】下拉列表：可以选择将某些颜色强制加入到颜色表中，如选择【黑白】选项，就可以将纯黑和纯白强制添加到颜色表中。

③ 【杂边】下拉列表：可以指定用于消除图像锯齿边缘的背景色。在索引颜色模式下图像只有一个图层和一个通道，滤镜全部被禁用。

④ 【仿色】下拉列表：可以选择是否使用仿色。

⑤ 【数量】设置框：输入仿色数量的百分比值。该值越高，所仿颜色越多，但是可能会增加文件大小。

7. Lab 颜色模式

Lab 颜色是 Photoshop 在不同颜色模式之间转换时使用的中间颜色模式。

Lab 颜色模式将亮度通道从彩色通道中分离出来成为一个独立的通道。将图像转换为 Lab 颜色模式，再去掉色彩通道中的 a、b 通道而保留明度通道，这样就能获得 100% 逼真的图像亮度信息，得到 100% 准确的黑白效果，如下图所示。

4.1.2 设置前景色和背景色

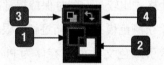

❶【设置前景色】按钮：单击此按钮将弹出拾色器来设定前景色，它会影响到画笔、填充命令和滤镜等的使用。

❷【设置背景色】按钮：设置背景色和设置前景色的方法相同。

❸【默认前景色和背景色】按钮：单击此按钮默认前景色为黑色、背景色为白色，也可以按【D】键来完成。

❹【切换前景色和背景色】按钮：单击此按钮可以使前景色和背景色相互交换，也可以按【X】键来完成。

1. 最常用的方法——单击【设置前景色】或【设置背景色】按钮

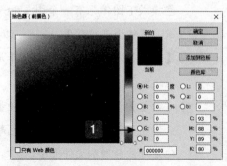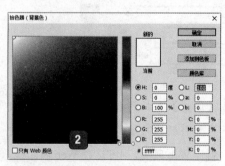

❶ 单击【设置前景色】按钮，在弹出的【拾色器（前景色）】对话框中进行设置。

❷ 单击【设置背景色】按钮，在弹出的【拾色器（背景色）】对话框中进行设置。

2. 最便捷的方法——使用快捷键

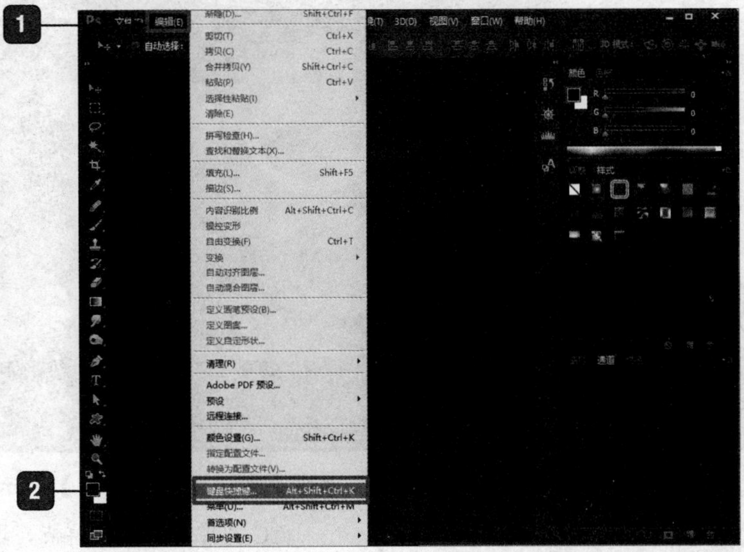

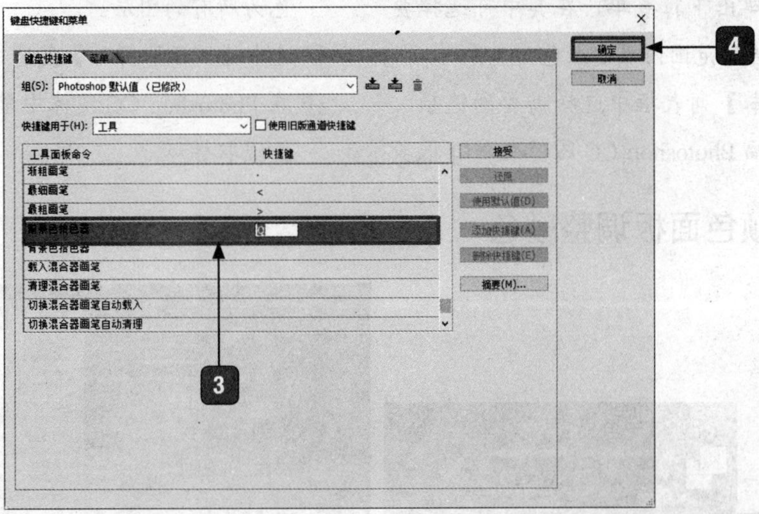

1 选择【编辑】命令。

2 选择【键盘快捷键】命令。

3 打开【键盘快捷键和菜单】对话框，在【前景色拾色器】快捷键文本框中输入一个快捷键。

4 单击【确定】按钮。

4.1.3 用吸管工具选取颜色

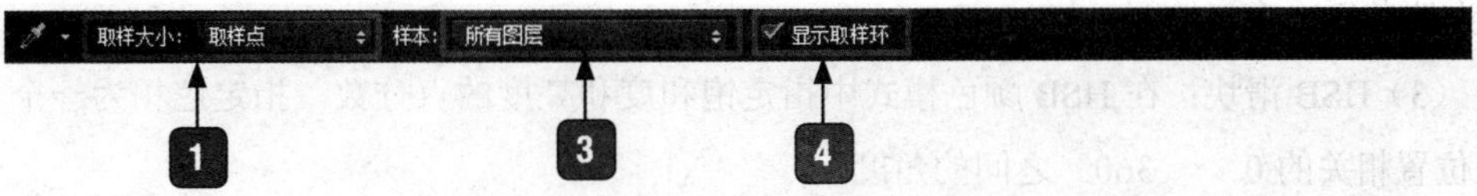

1 单击选项栏中的【取样大小】选项的下三角按钮。

2 即可弹出下拉菜单，在其中可选择要在怎样的范围内吸取颜色。

3 【样本】列表框中选择需要的选项，如一幅 Photoshop CC 图像文件有很多

图层，【所有图层】表示在 Photoshop CC 图像中单击取样点，取样得到的颜色为所有的图层。

4 选中【显示取样环】复选框。

5 在 Photoshop CC 图像中单击取样点时出现取样环。

4.1.4 用颜色面板调整颜色

（1）CMYK 滑块：在 CMYK 颜色模式中（PostScript 打印机使用的模式）指定每个图案值（青色、洋红、黄色和黑色）的百分比。

（2）RGB 滑块：在 RGB 颜色模式（监视器使用的模式）中指定 0 ～ 255（0 为黑色，255 为纯白色）之间的图素值。

（3）HSB 滑块：在 HSB 颜色模式中指定饱和度和亮度的百分数，指定色相为一个与色轮上位置相关的 0°～ 360°之间的角度。

（4）Lab 滑块：在 Lab 模式中输入 0 ～ 100 之间的亮度值（L）和从绿色到洋红的值（－ 128 ～＋ 127 以及从蓝色到黄色的值）。

（5）Web 颜色滑块：Web 安全颜色是浏览器使用的 216 种颜色，与平台无关。在 8 位屏幕上显示颜色时，浏览器会将图像中的所有颜色更改为这些颜色，这样可以确保为 Web 准备的图片在 256 色的显示系统上不会出现仿色。可以在文本框中输入颜色代号来确定颜色。

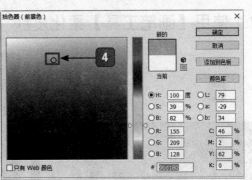

1 选择【窗口】→【颜色】命令或按【F6】键调出【颜色】面板。

2 在设定颜色时单击面板右侧的黑三角按钮，弹出面板菜单，然后在菜单中选择合适的色彩模式和色谱。

3 当鼠标指针移至面板下方的色条上时，指针会变为吸管工具。

4 单击鼠标，打开【拾色器】对话框，可以设定需要的颜色。

4.1.5 用色板面板调整颜色

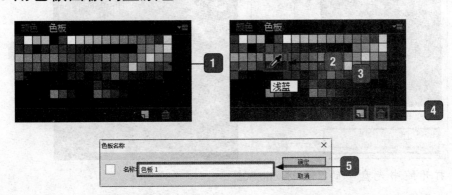

1 选择【窗口】→【色板】命令即可打开【色板】面板。

2 在色板颜色上单击可以把该颜色设置为前景色。

3 单击此按钮可以把常用的颜色设置为色标。

4 选择一个色标，然后拖曳到该按钮上可以删除该色标。

5 在色标上双击则会弹出【色板名称】对话框，从中可以为该色标重新命名。

4.2 绘图

在 Photoshop CC 工具箱中单击【画笔工具】按钮，或按【Shift+B】组合键可以选择画笔工具，使用画笔工具可绘出边缘柔软的画笔效果，画笔的颜色为工具箱中的前景色。

4.2.1 使用【画笔工具】柔化皮肤

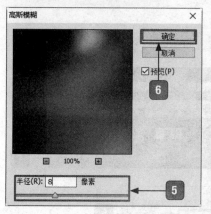

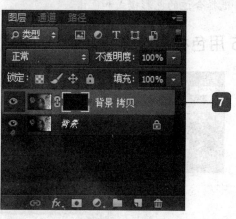

1. 打开随书光盘中的"素材\ch04\02.jpg"文件。

2. 选择【滤镜】命令。

3. 选择【模糊】命令。

4. 选择【高斯模糊】命令。

5. 在【高斯模糊】对话框中设置半径为

"8"像素。

6. 单击【确定】按钮。

7. 按住【Alt】键单击【图层】面板中的【添加图层蒙版】按钮，可以向图层添加一个黑色蒙版，并将显示下面图层的所有像素。

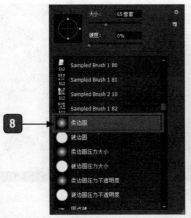

提示:

　　如果不小心在不需要蒙版的区域填充了颜色,可以将前景色切换为黑色,绘制该区域以显示下面图层的锐利边缘。在工作流程的此阶段,图像是不可信的,因为皮肤没有显示可见的纹理。

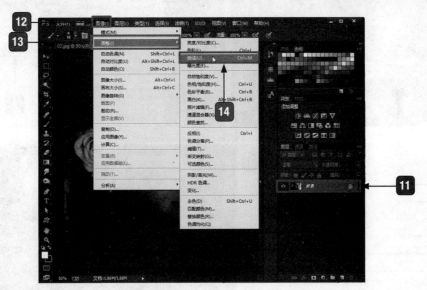

8 选择【背景 拷贝】图层蒙版图标,然后选择【画笔工具】,选择【柔边圆】笔尖。

9 在模特面部的皮肤区域绘制白色,但不要在想保留细节的区域(如模特的颜色、嘴唇、鼻孔和牙齿)绘制颜色。

10 设置【背景 拷贝】图层的不透明度为"80%"。

11 合并图层。

12 选择【图像】命令。

13 选择【调整】命令。

14 选择【曲线】命令。

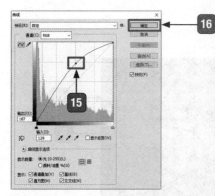

15 在【曲线】对话框中调整图像的整体亮度和对比度。

16 单击【确定】按钮。

17 即可看到柔化皮肤后的效果。

4.2.2 使用【历史记录画笔工具】恢复图像色彩

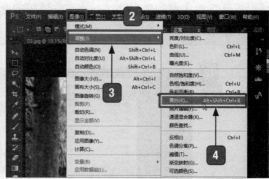

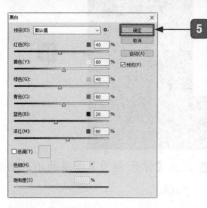

1 打开随书光盘中的"素材 \ch04\03.jpg"文件。

2 选择【图像】命令。

3 选择【调整】命令。

4 选择【黑白】命令。

5 在【黑白】对话框中单击【确定】按钮。

6 将图像调整为黑白颜色。

7 在【历史记录】面板中选择【黑白】选项以设置【历史记录画笔的源】图标所在位置，将其作为历史记录画笔的源图像。

8 在选项栏中设置画笔大小为"100"，模式为"正常"，不透明度为"100%"，流量为"100%"。

9 在图像的人物部分进行涂抹可以恢复其色彩。

提示：
　　在绘制的过程中可根据需要调整画笔的大小。

4.2.3 使用【历史记录艺术画笔工具】制作粉笔画

1 打开随书光盘中的"素材 \ch04\01.jpg"文件。

2 单击【创建新图层】按钮，新建【图层1】图层。

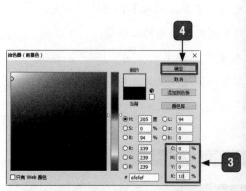

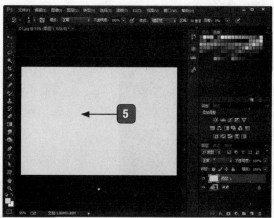

③ 在【拾色器】对话框中设置颜色为灰色（C: 0, M: 0, Y: 0, K: 10）。

④ 单击【确定】按钮。

⑤ 按【Alt+Delete】组合键为【图层1】图层填充前景色。

⑥ 在【历史记录】面板中的【打开】步骤前单击，指定图像被恢复的位置。

⑦ 将鼠标指针移至画布中单击并拖动鼠标进行图像的恢复，创建类似粉笔画的效果。

4.3 修复图像技巧

用户可以通过 Photoshop CC 所提供的命令和工具对不完美的图像进行修复，使之符合工作的要求或审美情趣。这些工具包括图章工具、修补工具和修复画笔工具等。

4.3.1 使用变换图形制作文字特效

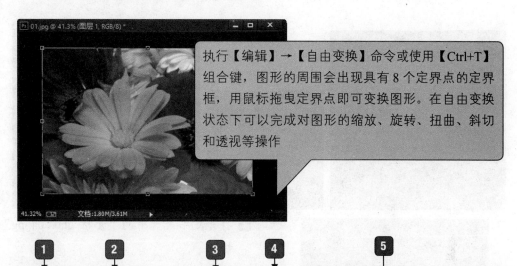

执行【编辑】→【自由变换】命令或使用【Ctrl+T】组合键，图形的周围会出现具有 8 个定界点的定界框，用鼠标拖曳定界点即可变换图形。在自由变换状态下可以完成对图形的缩放、旋转、扭曲、斜切和透视等操作

1 【参考点位置】按钮：所有变换都围绕一个称为参考点的固定点执行。默认情况下，这个点位于用户正在变换的项目的中心。此按钮中有 9 个小方块，单击任意方块即可更改对应的参考点。

2 【X】（水平位置）和【Y】（垂直位置）参数框：输入参考点的新位置的值也可以更改参考点。

3 【相关定位】按钮：单击此按钮可以

相对于当前位置指定新位置；【W】【H】参数框中的数值分别表示水平和垂直缩放比例，在参数框中可以输入 0% ～ 100% 的数值进行精确的缩放。

4 【链接】按钮：单击此按钮可以保持在变换时图像的长宽比不变。

5 【H】【V】参数框：在此参数框中可指定旋转角度。【H】【V】参数框中的数值分别表示水平斜切和垂直斜切的角度。

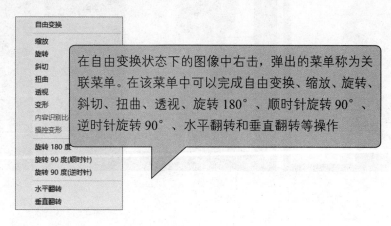

在自由变换状态下的图像中右击，弹出的菜单称为关联菜单。在该菜单中可以完成自由变换、缩放、旋转、斜切、扭曲、透视、旋转 180°、顺时针旋转 90°、逆时针旋转 90°、水平翻转和垂直翻转等操作

95

4.3.2 使用【仿制图章工具】复制图像

1 打开随书光盘中的"素材 \ch04\04.jpg"文件。

2 选择【仿制图章工具】，把鼠标指针移动到想要复制的图像上，按住【Alt】键，这时指针会变为⊕形状，单击鼠标即可把鼠标指针落点处的像素定义为取样点。

3 在要复制的位置单击或拖曳鼠标即可。

4 多次取样多次复制，直至画面饱满。

4.3.3 使用【图案图章工具】制作特效背景

1 打开随书光盘中的"素材 \ch04\05.jpg"文件。

2 选择【图案图章工具】。

3 在选项栏中单击【点按可打开"图案"拾色器】按钮。

4 选择【灰色花岗岩花纹纸】图案。

5 在需要填充图案的位置单击或拖曳鼠标即可。

> **提示：**
>
> 　如果读者没有【灰色花岗岩花纹纸】图案，可以单击面板右侧的 ⚙ 按钮，在弹出的菜单中选择【图案】选项进行加载。

4.3.4 使用【修复画笔工具】去除皱纹

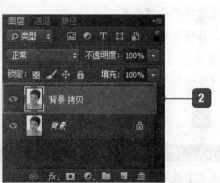

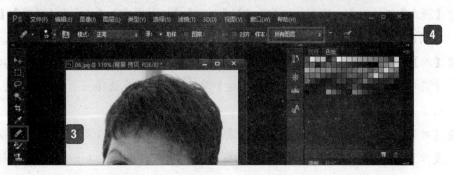

1 打开随书光盘中的"素材\ch04\06.jpg"
 文件。

2 创建背景图层的副本。

3 在工具箱中单击【修复画笔工具】按钮。

4 在选项栏的【样本】下拉列表中，选
 择【所有图层】选项。

5 按【Alt】键并单击皮肤中与要修复的
 区域具有类似色调和纹理的干净区域。

6 在要修复的皱纹上拖动鼠标直到去除
 所有明显的皱纹。确保覆盖全部皱纹，
 包括皱纹周围的所有阴影，覆盖范围
 要略大于皱纹。

1 【画笔】设置项：在该选项的下拉列表中可以选择画笔样本。

2 【模式】下拉列表：其中包括【替换】【正常】【正片叠底】【滤色】【变暗】【变亮】
 【颜色】和【亮度】等选项。

3 【源】选项区域：可选中【取样】或者【图案】单选按钮。按下【Alt】键定义取样点，
 才能使用【源】选项区域。选中【图案】单选按钮后要先选择一个具体的图案，再使
 用才会有效果。

4 【对齐】复选框：选中该复选框会对像素进行连续取样，在修复过程中，取样点随修
 复位置的移动而变化。取消选中该复选框，则在修复过程中始终以一个取样点为起始点。

4.3.5 使用【污点修复画笔工具】去除雀斑

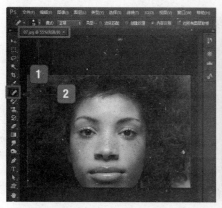 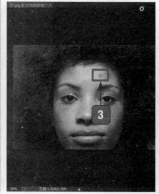 

1 打开随书光盘中的"素材\ch04\07.jpg"文件。

2 在工具箱中单击【污点修复画笔工具】按钮。

3 鼠标指针移动到污点上,单击鼠标即可修复斑点。

4 修复其他斑点区域,直至图片修饰完毕。

4.3.6 使用【修补工具】去除照片瑕疵

❶ 打开随书光盘中的"素材 \ch04\08.jpg"
文件。

❷ 在工具箱中单击【修补工具】按钮。

❸ 在选项栏中选中【源】单选按钮。

❹ 在需要修复的位置绘制一个选区，将
鼠标指针移动到选区内，再向周围没
有瑕疵的区域拖曳来修复瑕疵。

❺ 修复其他瑕疵区域，直至图片修饰完毕。

4.4 擦除图像技巧

　　使用橡皮擦工具在图像中涂抹，如果图像为背景图层则涂抹后的色彩默认
为背景色；其下方有图层则显示下方图层的图像。选择工具箱中的橡皮擦工具后，在其工具
选项栏中可以设置笔刷的大小和硬度，硬度越大，绘制出的笔迹边缘越锋利。

4.4.1 使用【橡皮擦工具】制作图案叠加的效果

1 打开随书光盘中的"素材\ch04\15.jpg、16.jpg"文件。

2 将"16.jpg"文件拖曳到"15.jpg"文件中，并调整其大小和位置。

3 在工具箱中单击【橡皮擦工具】按钮。

4 保持各项参数不变，设置画笔的硬度为"0"，画笔的大小可根据涂抹时的需要进行更改。

5 按住鼠标左键在该位置处进行涂抹。

6 设置图层的不透明度为"80%"。

7 设置好的最终效果。

4.4.2 使用【魔术橡皮擦工具】擦除背景

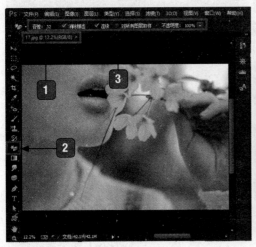 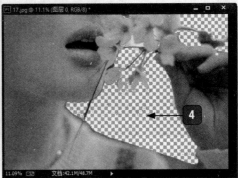

1 打开随书光盘中的"素材 \ch04\17.jpg"
文件。

2 在工具箱中单击【魔术橡皮擦工具】
按钮。

3 设置容差值为"32"，不透明度为
"100%"。

4 在紧贴人物的背景处单击，此时可以
看到已经擦除了相连相似的背景。

1【容差】文本框：输入容差值以定义可擦除的颜色范围。低容差会擦除颜色值范围内
与点按像素非常相似的像素；高容差会擦除范围更广的像素。【魔术橡皮擦工具】与
【魔棒工具】选取原理类似，可以通过设置容差的大小确定删除范围的大小，容差越
大删除范围越大；容差越小，删除范围越小。

2【消除锯齿】复选框：选中【消除锯齿】复选框可使擦除区域的边缘平滑。

3【连续】复选框：选中该复选框，可以只擦除相邻的图像区域；未选中该复选框时，可
将不相邻的区域也擦除。

4【对所有图层取样】复选框：选中【对所有图层取样】复选框，以便利用所有可见
Photoshop CC 图层中的组合数据来采集擦除色样。

5【不透明度】参数框：指定不透明度以定义擦除强度。100% 的不透明度将完全擦除
像素。较低的不透明度将部分擦除像素。

4.5 填充与描边应用

填充与描边在 Photoshop 中是一个比较简单的操作，但是利用填充与描边可以为图像制作出美丽的边框、文字的衬底、填充一些特殊的颜色等让人意想不到的图像处理效果。

4.5.1 使用【渐变工具】绘制图像

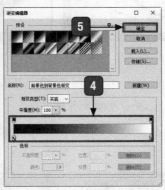

1 打开随书光盘中的"素材 \ch04\19 描边 .jpg"文件。

2 使用【魔棒工具】选择人像剪影。

3 在工具箱中单击【渐变工具】按钮。

4 在【渐变编辑器】窗口中选择前景色到背景色的渐变。

5 单击【确定】按钮。

6 按【Ctrl+D】组合键取消选区即可看到使用渐变工具绘制的图像。

4.5.2 使用【油漆桶工具】为卡通画上色

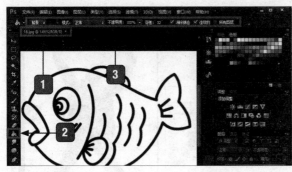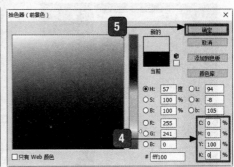

1 打开随书光盘中的"素材 \ch04\18.jpg"文件。

2 在工具箱中单击【油漆桶工具】按钮。

3 在选项栏中设定各项参数。

4 在【拾色器】对话框中设置前景色颜　　5 单击【确定】按钮。
色（C: 0，M: 0，Y: 100，K: 0）。

6 在小鱼的嘴巴与鱼鳍处单击填充颜色。

7 用同样的方法设置颜色（C: 0，M: 100，Y: 100，K: 0），再设置颜色（C: 93，M:
88，Y: 89，K: 80），并分别填充其他部位。

4.5.3 制作描边效果

1 打开随书光盘中的"素
材 \ch04\19.jpg"文件。

2 在工具箱中单击【魔棒
工具】按钮。

3 在图像中单击人物选择
人物外轮廓。

 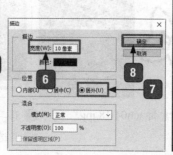 

4 选择【编辑】命令。

5 选择【描边】命令。

6 在【描边】对话框中设置【宽度】为"10像素"。

7 选中【居外】单选按钮。

8 单击【确定】按钮。

9 按【Ctrl+D】组合键取消选区。

4.6 综合实战——海报招贴设计作品

本节通过填充背景色的方法制作一份海报招贴设计，注意设计新建文件、填充背景色、插入素材、添加文字等操作。

1. 新建文件

1 在【新建】对话框中设置文件名称为"人像海报"。

2 设置文档的宽度为"21厘米"，高度为"29厘米"。

3 在【分辨率】文本框中输入"300像素/英寸"。

4 在【颜色模式】下拉列表中选择"CMYK颜色"选项。

5 单击【确定】按钮。

6 即可新建空白文件。

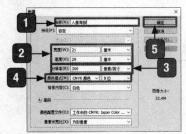

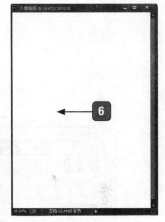

2. 填充背景色

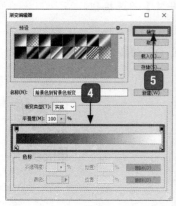

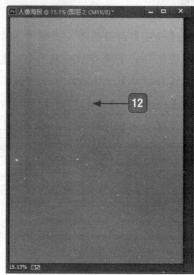

1 单击【新建图层】按钮。

2 即可为文件新建【图层1】图层。

3 单击【点按可编辑渐变】按钮。

4 在【渐变编辑器】窗口中设置渐变的颜色。

5 单击【确定】按钮。

6 在图像中填充渐变色。

7 选择【编辑】命令。

8 选择【填充】命令。

9 打开【填充】对话框，在【使用】下拉列表中选择【图案】选项。

10 在【自定图案】下拉列表中选择一种图案。

11 单击【确定】按钮。

12 即可在图像中填充图案。

3. 插入素材

1 打开随书光盘中的"素材 \ch04\05.jpg"
文件。

2 使用【魔棒工具】选择背景，并反选

选区选择人物。

3 把人物移动到"人像海报"文件中，
并调整大小与位置。

4. 添加文字

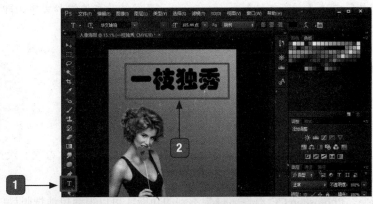

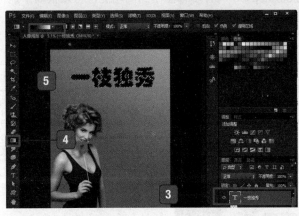

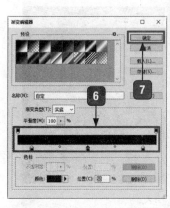

1️⃣ 选择工具箱中的【文字工具】。

2️⃣ 在图像的空白区域输入文字。

3️⃣ 按住【Ctrl】键并选择文字图层的缩览图载入文字选区。

4️⃣ 选择工具箱中的【渐变工具】。

5️⃣ 单击【点按可编辑渐变】按钮。

6️⃣ 在【渐变编辑器】窗口中设置渐变的颜色。

7️⃣ 单击【确定】按钮。

8️⃣ 对选区填充渐变色。

9️⃣ 继续为文件添加文字，即可完成。

痛点解析

痛点：无损缩放照片大小

小白： 我要把一张小照片放大，可是每次一放大就会模糊不清，怎么办啊？没办法把场景还原拍摄。

大神： 不要着急，Photoshop CC 有许多你想不到的功能，可以很简单地把照片放大、缩小。

小白： 真的吗？太好啦！我们快来操作吧！

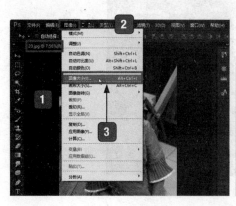

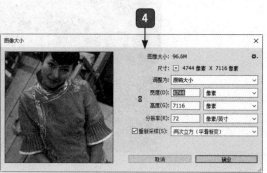

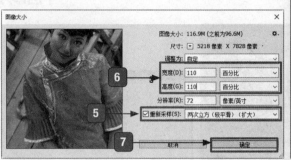

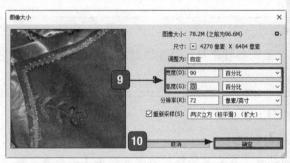

提示:

虽然图像可以调整大小,但是也不能无限制地放大,放大得过大,图像也会失真。

1 打开随书光盘中的"素材\04\20.jpg"
文件。

2 选择【图像】命令。

3 选择【图像大小】命令。

4 弹出【图像大小】对话框。

5 选中【重新采样】复选框,设置插补
方法为【两次立方(较平滑)(扩大)】。

6 设置文档大小的单位为"百分比",
设置【宽度】为"110"、【高度】为

"110",即只把图像增大"10%"。

7 单击【确定】按钮。

8 即可放大照片。

9 使用相同的方法可以缩小照片,设置
【宽度】为"90"、【高度】为"90"
即可。

10 单击【确定】按钮。

11 即可缩小照片。

大神支招

提示:

　　用户在学习时,可以灵活地综合运用各种修复工具并适时地调整画笔的大小和笔尖的硬度,来完美地修复图像。

1. 打开随书光盘中的"素材 \ch04\21.jpg"文件。

2. 在工具箱中单击【仿制图章工具】按钮。

3. 按住【Alt】键单击复制图像的起点,在需要修饰的地方开始单击并拖曳鼠标,根据位置适时调整画笔的大小,直至修复完毕。

第 5 章

图层及图层样式的应用

>>> 为什么在 Photoshop 中的图片可以层层叠叠？

>>> 想不想知道怎样在 Photoshop 中做出半透明的效果？

>>> 想不想快速制作出有质感、美观、大气的图标？

这一章就来告诉你应用图层及图层样式的秘诀！

5.1 认识图层

要想了解图层的用法就要了解图层的特性、分类，更要熟练掌握图层面板中的内容。

5.1.1 图层特性

1. 透明性

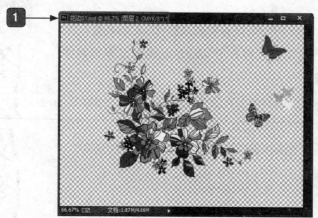

🔟 打开随书光盘中的"素材\05\花边01.psd"文件。

🔢 即使【图层1】上面有【图层2】，但是透过【图层2】仍然可以看到【图层1】中的内容，这说明【图层2】具备了图层的透明性。

2. 独立性

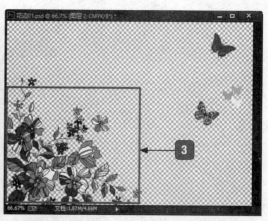

🔟【图层1】的内容。

🔢【图层2】的内容。

🔟 移动【图层2】，【图层1】保持原状，这说明图层相互之间保持了一定的独立性。

3. 遮盖性

把【图层2】的内容移动到【图层1】的上方，即可看到【图层2】遮盖住了【图层1】的内容

5.1.2 图层的分类

1. 普通图层

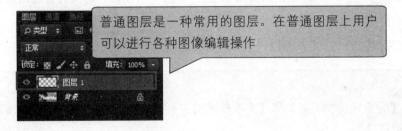

普通图层是一种常用的图层。在普通图层上用户可以进行各种图像编辑操作

2. 背景图层

（1）背景图层转换为普通图层最便捷的方法——使用图层命令。

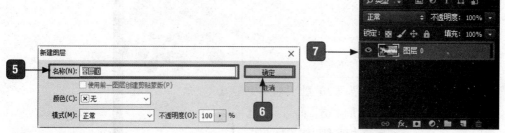

1 选择【图层】命令。

2 选择【新建】命令。

3 选择【背景图层】命令。

4 背景图层始终在最底层，就像一栋楼房的地基一样，不能与其他图层调整

（2）最便捷的方法——双击。

叠放顺序。

5 在【新建图层】对话框中的【名称】文本框中输入名称。

6 单击【确定】按钮。

7 背景图层即转换为普通图层。

直接在背景图层上双击，可以快速将背景图层转换为普通图层。

3. 文字图层

（1）栅格化图层最常用的方法——使用图层命令。

1 打开随书光盘中的"素材 \ch05\01.jpg"文件，并在图片中输入文字"清凉一夏"。

2 在【图层】面板中即可出现文字图层。

③ 选择【图层】命令。

④ 选择【栅格化】命令。

⑤ 选择【文字】命令即可把文字图层转换为普通图层。

（2）最便捷的方法——使用快捷菜单。

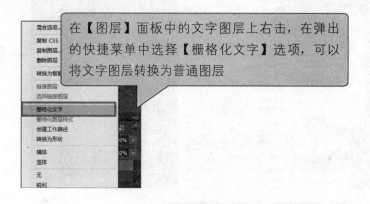

在【图层】面板中的文字图层上右击，在弹出的快捷菜单中选择【栅格化文字】选项，可以将文字图层转换为普通图层

4. 形状图层

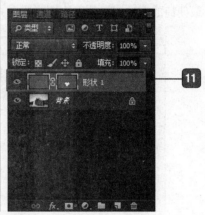

1 打开随书光盘中的"素材 \05\02.jpg"
文件。

2 创建一个形状图层。

3 在【图层】面板中即可出现形状图层。

4 选择【图层】命令。

5 选择【栅格化】命令。

6 选择【形状】命令。

7 栅格化后的图层即可转换为普通图层。

8 选择【图层】命令。

9 选择【栅格化】命令。

10 选择【填充内容】命令。

11 将栅格化形状图层填充，同时保留矢

量蒙版。

12 选择【图层】命令。

13 选择【栅格化】命令。

14 选择【矢量蒙版】命令。

15 即可栅格化形状图层的矢量蒙版，同时将其转换为图层蒙版，丢失路径。

5. 蒙版图层

1 打开随书光盘中的"素材 \03\03.jpg、04.jpg"文件。

2 使用工具箱中的【移动工具】，选择并拖曳"04.jpg"图片到"03.jpg"图片上。

3 按【Ctrl+T】组合键对翅膀图片进行变形并调整大小和位置。

4 为了方便观察可以将该图层的不透明

度值调低。

5 单击【添加版】按钮。

6 在【图层】面板中即可看到添加的图
层蒙版效果。

7 把前景色设置为黑色，选择【画笔工
具】，开始涂抹直至两幅图片融合在
一起。

8 在图层面板上即可看到涂抹的黑色区域。

5.1.3 图层的面板

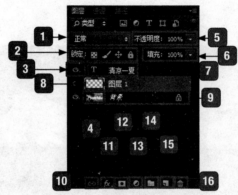

1 图层混合模式：创建图层中图像的各种混合效果。

2 【锁定】工具栏：4个按钮分别是【锁定透明像素】【锁定图像像素】【锁定位置】和【锁
定全部】。

3 显示或隐藏：显示或隐藏图层。当图层左侧显示眼睛图标时，表示当前图层在图像窗
口中显示，单击眼睛图标，图标消失并隐藏该图层中的图像。

4 图层缩览图：该图层的显示效果预览图。

5 不透明度：设置当前图层的不透明效果，取值范围为 0% ～ 100%，0% 为完全透明，
100% 为不透明。

6 图层填充：设置当前图层的填充百分比，取值范围为 0% ～ 100%。

7 图层名称：图层的名称。

8 当前图层：在【图层】面板中蓝色高亮显示的图层为当前图层。

9 背景图层：在【图层】面板中，位于最下方的图层名称为"背景"二字的图层，即是
背景图层。

10 链接图层：在图层上显示图标时，表示图层与图层之间是链接图层，在编辑图层时可
以同时进行编辑。

11 【添加图层样式】按钮：单击该按钮，从弹出的菜单中选择相应选项，可以为当前图
层添加图层样式效果。

12 【添加图层蒙版】按钮：单击该按钮，可以为当前图层添加图层蒙版效果。

13 【创建新的填充】或【调整图层】按钮：单击该按钮，从弹出的菜单中选择相应选项，可以创建新的填充图层或调整图层。

14 【创建新组】按钮：创建新的图层组。可以将多个图层归为一个组，这个组可以在不需要操作时折叠起来。无论组中有多少个图层，折叠后只占用相当于一个图层的空间，方便管理图层。

15 【创建新图层】按钮：单击该按钮，可以创建一个新的图层。

16 【删除图层】按钮：单击该按钮，可以删除当前图层。

5.2 创建图层

1. 最常用的方法——使用【图层】命令

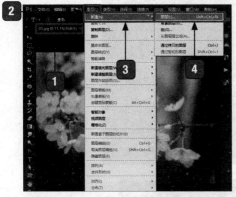

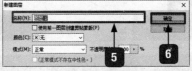

1 打开随书光盘中的"素材\05\13.jpg"文件。

2 选择【图层】命令。

3 选择【新建】命令。

4 选择【图层】命令。

5 在【新建图层】对话框中的【名称】文本框中输入图层名称。

6 单击【确定】按钮。

7 即可新建图层。

2. 最便捷的方法——使用【新建】按钮

1 接上节的操作，在【图层】面板单击【新建图层】按钮。

2 即可新建【图层2】图层。

5.3 隐藏与显示图层

小白：大神，我想要制作一个图像，不要旁边的图像干扰，有没有方法能做
到这一点呢？

大神：这个可以实现，只要把其余图像的图层隐藏就可以了。

小白：哇，Photoshop CC 实在是太神奇了，竟然还有这样的好方法！这样的操作复杂吗？

大神：很简单，有两种方法可以隐藏图层，我们一起来看看吧。

1. 最常用的方法——使用【图层】命令

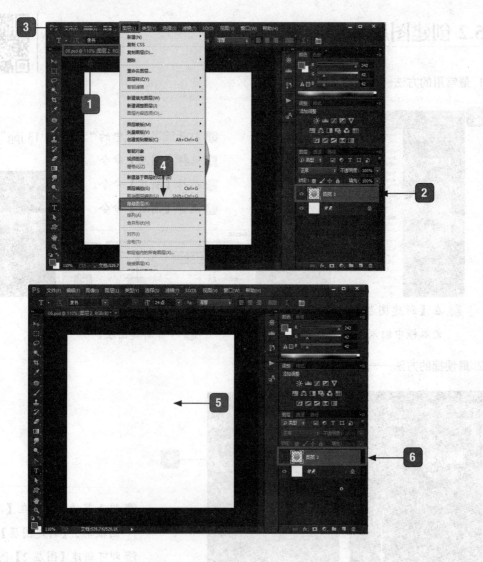

[1] 打开随书光盘中的"素材 \05\06.jpg"
　　文件。

[2] 在【图层】面板中选择【图层2】图层。

[3] 选择【图层】命令。

[4] 选择【隐藏图层】命令。

[5] 即可看到该图层图像已被隐藏。

[6] 即可看到【图层】面板中的图层被隐藏。

[7] 选择【图层】命令。

[8] 选择【显示图层】命令。

[9] 即可显示图层。

2. 最便捷的方法——使用【新建】按钮

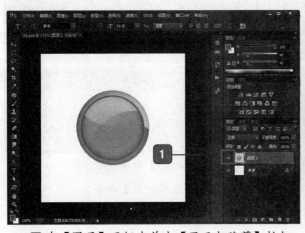
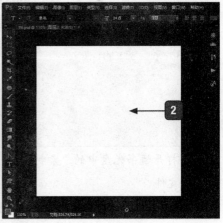

[1] 在【图层】面板中单击【显示与隐藏】按钮。

[2] 即可看到该图层图像已被隐藏。

5.4 排列与分布图层

1. 调整图层位置

提示：

置为顶层(F)　Shift+Ctrl+]
前移一层(W)　　　Ctrl+]
后移一层(K)　　　Ctrl+[
置为底层(B)　Shift+Ctrl+[
反向(R)

1️⃣【置为顶层】：将当前图层移动到最上层，快捷键为
【Shift+Ctrl+]】。

2️⃣【前移一层】：将当前图层向上移一层，快捷键为【Ctrl+]】。

3️⃣【后移一层】：将当前图层向下移一层，快捷键为【Ctrl+[】。

4️⃣【置为底层】：将当前图层移动到最底层，快捷键为
【Shift+Ctrl+[】。

5️⃣【反向】：将选中的图层顺序反转。

1️⃣ 打开随书光盘中的"素材\05\07.jpg"
文件。

2️⃣ 在【图层】面板中选择【图层37】图层。

3️⃣ 选择【图层】命令。

4️⃣ 选择【排列】命令。

5️⃣ 选择【后移一层】命令。

6️⃣ 即可看到【图层37】下移了一层。

2.分布图层

1 打开随书光盘中的"素材\05\08.jpg"文件。

2 在【图层】面板中按住【Ctrl】键的同时单击【图层1】【图层2】【图层3】和【图层4】图层。

3 选择【图层】命令。

4 选择【分布】命令。

5 选择【顶边】命令。

6 即可看到顶边分布的效果。

2 【垂直居中】：参照每个图层垂直中心的像素均匀地分布链接图层。

3 【底边】：参照每个图层最下端像素的位置均匀地分布链接图层。

4 【左边】：参照每个图层最左端像素的位置均匀地分布链接图层。

5 【水平居中】：参照每个图层水平中心像素的位置均匀地分布链接图层。

1 【顶边】：参照最上面和最下面两个图形的顶边，中间的每个图层以像素区域的最顶端为基础，在最上面和最下面的两个图形之间均匀地分布。

6 【右边】：参照每个图层最右端像素的位置均匀地分布链接图层。

5.5 设置不透明度和填充

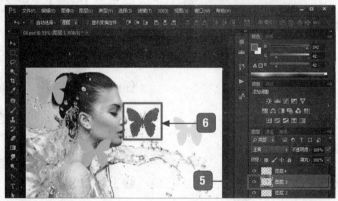

1. 打开随书光盘中的"素材 \05\08.jpg"
   文件。

2. 在【图层】面板中选择【图层4】图层。

3. 调整该图层的不透明度为"37%"。

4. 即可看到调整后的效果。

5. 按住【Ctrl】键单击【图层3】前面的
   图层缩览图,选中该图层的内容。

6. 按【Alt+Delete】组合键即可为选区填
   充前景色。

5.6 快速使用图层样式

利用 Photoshop CC "图层样式" 可以对图层内容快速应用效果。图层样式是多种图层效果的组合，Photoshop 提供了多种图像效果，如阴影、发光、浮雕和颜色叠加等。

5.6.1 "斜面和浮雕"样式

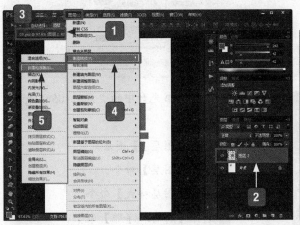

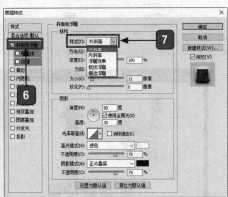

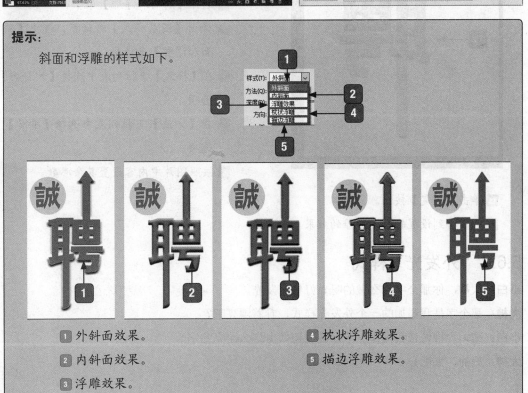

提示：

斜面和浮雕的样式如下。

1. 外斜面效果。
2. 内斜面效果。
3. 浮雕效果。
4. 枕状浮雕效果。
5. 描边浮雕效果。

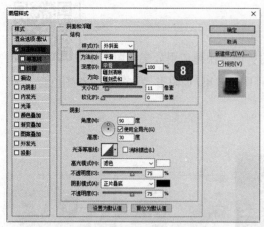

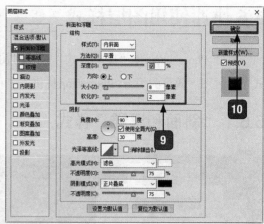

1 打开随书光盘中的"素材 \05\09.jpg"
文件。

2 单击【图层2】图层。

3 选择【图层】命令。

4 选择【图层样式】命令。

5 选择【斜面和浮雕】命令。

6 弹出【图层样式】对话框,选中【斜
面和浮雕】复选框。

7 在【样式】下拉列表中选择【外斜面】
选项。

8 在【方法】下拉列表中选择【平滑】
选项。

9 按照图片中内容设置其余参数。

10 单击【确定】按钮。

11 即可得到设置斜面和浮雕的效果。

5.6.2 "外发光"样式

小白：大神，你那个字怎么做的呀？好像在发光。

大神：那个字是我添加的一个外发光样式，看着漂亮吧？

小白：嗯，大神快带我操作一下，我也想做出这么漂亮的字！

大神：好的，来吧！

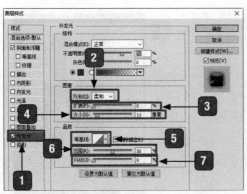

即可看到设置外发光的效果

1️⃣ 选中【外发光】复选框。

2️⃣ 【方法】下拉列表：即边缘元素的模型，有【柔和】和【精确】两种。柔和的边缘变化比较模糊，而精确的边缘变化则比较清晰。

3️⃣ 【扩展】设置项：即边缘向外边扩展。与【阴影】选项中的【扩展】设置项的用法类似。

4️⃣ 【大小】设置项：用以控制阴影面积的大小，变化范围为 0 ～ 250 像素。

5️⃣ 【等高线】设置项：可以为光线部分制作出光环效果。

6️⃣ 【范围】设置项：等高线运用的范围，其数值越大效果越不明显。

7️⃣ 【抖动】设置项：控制光的渐变，数值越大图层阴影的效果越不清楚，且会变成有杂色的效果。数值越小就越接近清楚的阴影效果。

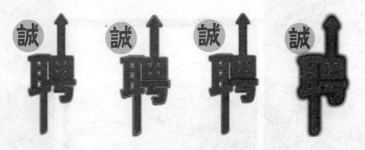

5.6.3 "描边"样式

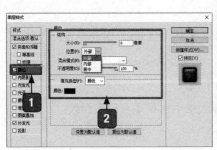

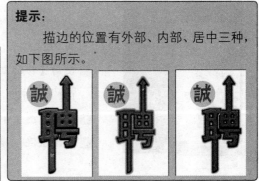

> **提示：**
>
> 描边的位置有外部、内部、居中三种，如下图所示。

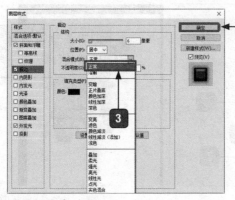

1 选中【描边】复选框。

2 设置描边样式。

3 在【混合模式】下拉列表中选择【正常】

选项。

4 单击【确定】按钮。

5 即可得到设置图层样式的最终效果。

5.7 图层混合模式的应用

1. 叠加模式

1 打开随书光盘中的"素材 \05\10.jpg、11.jpg"
文件。

2 使用【移动工具】将"11.jpg"图片拖曳到"10.
jpg"图片中，并调整大小。

3 选择【图层1】图层。

4 在图层混合模式框中选择【叠加】模式。

128

⑤ 设置叠加后的效果。

⑥ 设置柔光模式后的效果。

提示:

　　柔光模式:类似于将点光源发出的漫射光照到图像上。使用这种模式会在背景上形成一层淡淡的阴影,阴影的深浅与两个图层混合前颜色的深浅有关。

⑦ 设置强光模式后的效果。

提示:

　　强光模式:强光模式下的颜色和在柔光模式下相比,或者更为浓重,或者更为浅淡,这取决于图层上颜色的亮度。

⑧ 设置亮光模式后的效果。

提示:

　　亮光模式:通过增加或减小下面图层的对比度来加深或减淡图像的颜色,具体取决于混合色。如果混合色(光源)比 50% 灰色亮,则通过减小对比度使图像变亮;如果混合色比 50% 灰色暗,则通过增加对比度使图像变暗。

129

⑨ 设置线性光模式后的效果。

提示：
　　线性光模式：通过减小或增加亮度来加深或减淡图像的颜色，具体取决于混合色。如果混合色（光源）比50%灰色亮，则通过增加亮度使图像变亮；如果混合色比50%灰色暗，则通过减小亮度使图像变暗。

⑩ 设置点光模式后的效果。

提示：
　　点光模式：根据混合色的亮度来替换颜色。如果混合色（光源）比50%灰色亮，则替换比混合色暗的像素，而不改变比混合色亮的像素；如果混合色比50%灰色暗，则替换比混合色亮的像素，而不改变比混合色暗的像素。这对于向图像中添加特殊效果非常有用。

⑪ 设置实色混合模式后的效果。

提示：
　　实色混合模式：将混合颜色的红色、绿色和蓝色通道值添加到基色的RGB值。如果通道的结果总和大于或等于255，则值为255；如果小于255，则值为0。因此，所有混合像素的红色、绿色和蓝色通道值要么是0，要么是255。这会将所有像素更改为原色，即红色、绿色、蓝色、青色、黄色、洋红、白色或黑色。

2.差值与排除模式

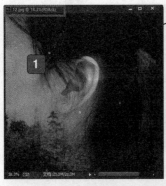 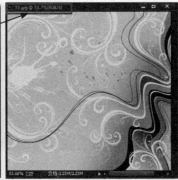

第5章

图层及图层样式的应用

1 打开随书光盘中的"素材\
05\12.jpg、13.jpg"文件。

2 使用【移动工具】将"13.jpg"
图片拖曳到"12.jpg"图片中，
并调整大小。

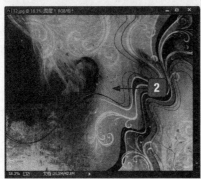  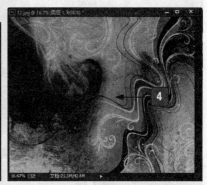

> **提示：**
>
> 差值模式：将图层和背景层的颜色相互抵消，以产生一种新的颜色效果。

 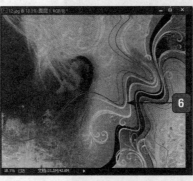

3 在图层混合模式框中选择【差
值】模式。

4 设置差值模式后的效果。

5 在图层混合模式框中选择【排
除】模式。

6 设置排除模式后的效果。

131

> **提示：**
>
> 排除模式：使用这种模式会产生一种图像反相的效果。

3. 颜色模式

 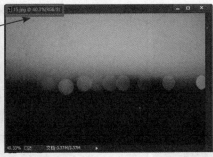 

① 打开随书光盘中的"素材\05\14.jpg、15.jpg"文件。

② 使用【移动工具】将"15.jpg"图片拖曳到"14.jpg"图片中。

> **提示：**
>
> 　　色相模式：该模式只对灰阶的图层有效，对彩色图层无效。

③ 在图层混合模式框中选择【色相】模式。

④ 设置色相模式后的效果。

⑤ 在图层混合模式框中选择【饱和度】模式。

⑥ 设置饱和度模式后的效果。

> **提示：**
>
> 　　饱和度模式：当图层为浅色时，会得到该模式的最大效果。

⑦ 在图层混合模式框中选择【颜色】模式。

⑧ 设置颜色模式后的效果。

提示:

颜色模式：用基色的亮度以及混合色的色相和饱和度创建结果色，这样可以保留图像中的灰阶，并且对于给单色图像上色和给彩色图像着色都非常有用。

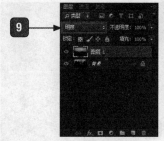

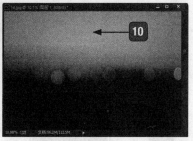

9 在图层混合模式框中选择【明度】模式。　　10 设置明度模式后的效果。

提示:

明度模式：用基色的色相和饱和度以及混合色的亮度创建结果色。此模式创建与颜色模式相反的效果。

5.8 综合实战——制作图标

本节通过使用【形状工具】和【图层样式】命令制作一个金属质感图标。

1. 新建文件

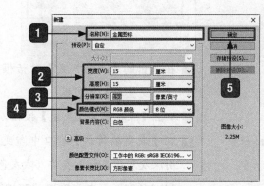

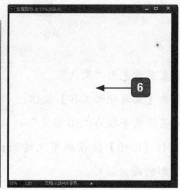

1 选择【文件】→【新建】命令，在弹出的【新建】对话框中的【名称】文本框中输入"金属图标"。

2 设置文档的宽度为"15"厘米，高度为"15"厘米。

3 在【分辨率】文本框中输入"150"像素/英寸。

④ 在【颜色模式】下拉列表中选择【RGB 颜色】选项。

⑤ 单击【确定】按钮。

⑥ 即可新建空白文件。

2. 绘制金属图标

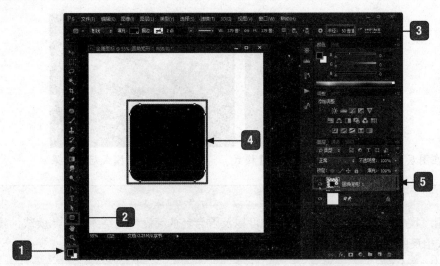

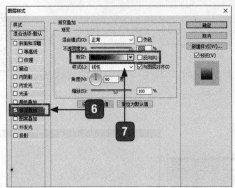
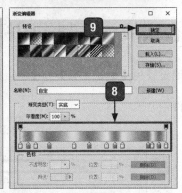

① 设置前景色为"黑色"。

② 单击【圆角矩形工具】按钮。

③ 设置圆角半径为"50像素"。

④ 按住【Shift】键在画布上绘制出一个方形的圆角矩形。

⑤ 双击【圆角矩形图层】。

⑥ 在弹出的【图层样式】对话框中选中【渐变叠加】复选框。

⑦ 单击【点按可编辑渐变】按钮。

⑧ 在【渐变编辑器】窗口中渐变颜色使用深灰与浅灰相互交替（浅灰色 RGB: 241,241,241; 深灰色 RGB: 178,178,178）。

⑨ 单击【确定】按钮。

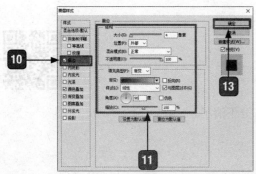

10 返回【图层样式】对话框，选中【描边】复选框。

11 设置描边样式。

12 渐变颜色使用深灰到浅灰（浅灰色 RGB: 216,216,216；深灰色 RGB: 96,96,96）。

13 单击【确定】按钮。

14 绘制金属图标后的效果。

3. 添加图标图案

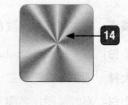

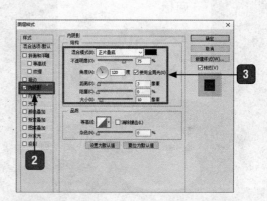

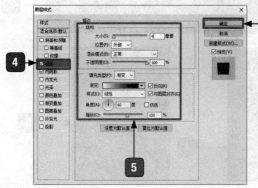

135

1 在圆角矩形中心绘制出内部图案图形。

2 双击【图案图层】，在弹出的【图层样式】对话框中，选中【内阴影】复选框。

3 设置内阴影样式。

4 选中【描边】复选框。

5 设置描边样式。

6 单击【确定】按钮。

7 金属图标即可制作完成。

痛点解析

痛点：有关图层不同颜色标记问题

小白：好头疼，Photoshop 中图层太多了，我都分不清了。

大神：那你可以把图层进行分组啊！

小白：有时候图层之间互相遮盖不能分组。

大神：那也可以解决，我们可以用颜色标记图层。我来教你吧！

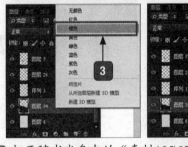

1 打开随书光盘中的"素材\05\07.psd"
   文件。

2 选中【图层34】图层并右击。

3 在弹出的快捷菜单中选择【橙色】选项。

4 即可为图层做颜色标记。

5 使用同样的方法可以为其他图层添加
   不同的颜色标记。

![大神支招]

问：如何为图像添加好看的纹理效果？

在为图像添加【斜面和浮雕】效果的过程中，如果选中【斜面和浮雕】复选框下的【纹理】复选框，则可以为图像添加纹理效果。

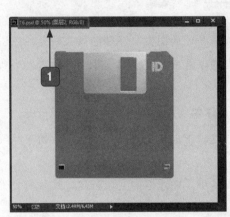

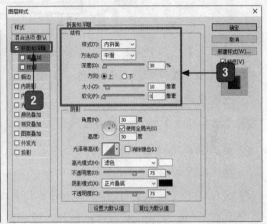

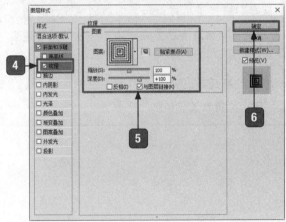

1 打开随书光盘中的"素材 \05\16.psd"文件。

2 双击【图层2】图层，在【图层样式】对话框中选中【斜面和浮雕】复选框。

3 设置斜面和浮雕样式。

4 选中【纹理】复选框。

5 设置纹理样式。

6 单击【确定】按钮。

7 即可为图像添加相关的纹理效果。

137

提示：

【斜面和浮雕】样式中的【纹理】选项设置框中的参数含义如下。

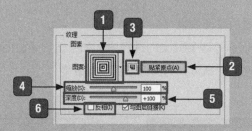

1. 【图案】下拉列表：此下拉列表中可以选择合适的图案。浮雕的效果就是按照图案的颜色或浮雕模式进行的。在预览图上可以看出待处理的图像的浮雕模式和所选图案的关系。

2. 【贴紧原点】按钮：单击此按钮可使图案的浮雕效果从图像或文档的角落开始。

3. 单击图标将图案创建为一个新的预置，这样下次使用时就可以从图案的下拉菜单中打开该图案。

4. 通过调节【缩放】设置项可将图案放大或缩小，即浮雕的密集程度。缩放的变化范围为1%～1000%，可以选择合适的比例对图像进行编辑。

5. 【深度】设置项所控制的是浮雕的深度，通过滑块可以控制浮雕的深浅，它的变化范围为-1000%～1000%，正负表示浮雕是凹进去还是凸出来。也可以选择适当的数值填入文本框中。

6. 选中【反相】复选框就会将原来的浮雕效果反转，即原来凹进去的现在凸出来，原来凸出来的现在凹进去，以得到一种相反的效果。

第の章

蒙版与通道的应用

>>> 你知道怎样在图层上做出特殊的效果，并且不影响原图像吗？

>>> 别人为照片制作的各种风格特效你喜欢吗？想不想知道是怎样做出来的呢？

>>> 什么是通道？通道都能做什么呢？

>>> 这一章就来告诉你 Photoshop 中通道与蒙版的应用秘诀！

6.1 使用蒙版抠图

Photoshop CC 中的蒙版用于控制用户需要显示或影响的图像区域，或者说是用于控制需要隐藏或不受影响的图像区域。蒙版是进行图像合成的重要手段，也是 Photoshop CC 中极富魅力的功能之一，通过蒙版可以非破坏性地合成图像。图层蒙版是加在图层上的一个遮盖，通过创建图层蒙版来隐藏或显示图像中的部分或全部。

1 打开随书光盘中的"素材 \ch06\01.jpg"和"素材 \ch06\02.jpg"文件。

2 选择【移动工具】，将"02.jpg"拖曳到"01.jpg"文件中，即可新建【图层1】图层。

3 单击【图层】面板中的【添加图层蒙版】按钮，为【图层1】添加蒙版。

4 在工具箱中单击【画笔工具】按钮。

5 设置画笔的大小和硬度。

6 设置前景色为"黑色"。

7 在画面上方进行涂抹。

8 在【图层】面板中设置【图层1】的【图层混合模式】为【叠加】。

9 设置好的最终效果。

提示：

　　在图层蒙版中，纯白色区域可以遮罩下面图层中的内容，显示当前图层中的图像；蒙版中的纯黑色区域可以遮罩当前图层中的图像，显示出下面图层的内容；蒙版中的灰色区域会根据其灰度值使当前图层中的图像呈现出不同层次的透明效果。

　　如果要隐藏当前图层中的图像，可以使用黑色涂抹蒙版；如果要显示当前图层中的图像，可以使用白色涂抹蒙版；如果要使当前图层中的图像呈现半透明效果，则可以使用灰色涂抹蒙版。

6.2 使用蒙版工具

　　单击【图层】面板下面的【添加图层蒙版】按钮，可以添加一个【显示全部】的蒙版。其蒙版内为白色填充，表示图层内的像素信息全部显示，如下图所示。

　　也可以选择【图层】→【图层蒙版】→【显示全部】命令来完成此次操作。

　　选择【图层】→【图层蒙版】→【隐藏全部】命令可以添加一个【隐藏全部】的蒙版。其蒙版内填充为黑色，表示图层内的像素信息全部被隐藏，如下图所示。

6.3 创建矢量蒙版

1 打开随书光盘中的"素材\06\01.psd"文件。

2 在【图层】面板中选择【图层 0】图层。

3 选择【自定形状工具】，并在选项栏中选择【路径】，单击【点按可打开"自定形状"拾色器】按钮，在弹出的下拉列表中选择"心形"形状。

141

4 在画面中拖动鼠标绘制
"心形"。

5 选择【图层】→【矢量蒙
版】→【当前路径】命令,
基于当前路径创建矢量蒙
版,路径区域外的图像即
被蒙版遮盖。

6.4 复合通道

1. 分离通道

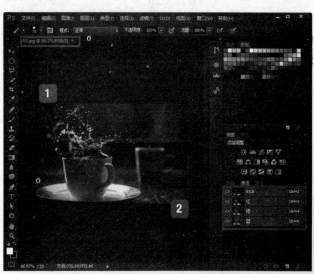

1 打开随书光盘中的"素材\ch06\
03.jpg"。

2 在 Photoshop CC 中的【通道】面
板中查看图像文件的通道信息。

3 单击该下拉按钮。

4 在弹出的下拉菜单中选择【分
离通道】命令

5 图像将分为3个重叠的灰色图像窗口，该图为红色通道。

6 该图为绿色通道。

7 该图为蓝色通道。

8 分离通道后的【通道】面板。

2. 合并通道

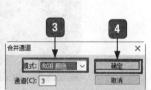

1 接上面的操作，选择工具箱中的【自定形状工具】，在红通道所对应的文档窗口中创建自定义形状，并合并图层。

2 单击【通道】面板右侧的下拉按钮，在弹出的下拉菜单中选择【合并通道】命令。

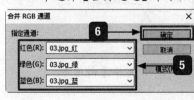

143

3 弹出【合并通道】对话框。在【模式】下拉列表中选择【RGB 颜色】选项。

4 单击【确定】按钮。

5 在弹出的【合并 RGB 通道】对话框中，

进行参数设置。

6 单击【确定】按钮。

7 将它们合并成一个 RGB 图像的最终效果。

6.5 颜色通道

在 Photoshop CC 中颜色通道的作用非常重要，颜色通道用于保存和管理图像中的颜色信息，每幅图像都有自己单独的一套颜色通道，在打开新图像时会自动进行创建。图像的颜色模式决定创建颜色通道的数量。

颜色通道是在打开新图像时自动创建的通道，它们记录了图像的颜色信息。图像的颜色模式不同，颜色通道的数量也不相同。RGB 图像中包含红、绿、蓝通道和一个用于编辑图像的复合通道，CMYK 图像包含青色、洋红、黄色、黑色通道和一个复合通道，Lab 图像包含明度、a、b 通道和一个复合通道，位图、灰度、双色调和索引颜色图像都只有一个通道。下图所示分别是不同的颜色通道。

6.6 专色通道

在 Photoshop CC 中，专色通道用来存储印刷用的专色。专色是特殊的预混油墨，如金属金银色油墨、荧光油墨等，它们用于替代或补充普通的印刷色 CMYK 油墨。通常情况下，专色通道都是以专色的名称来命名的。

专色印刷是指采用黄、品红、青、黑四色墨以外的其他色油墨来复制原稿颜色的印刷工艺。当我们要将带有专色的图像印刷时，需要用专色通道来存储专色。每个专色通道都有属于自己的印板，在对一张含有专色通道的图像进行印刷输出时，专色通道会作为一个单独的页被打印出来。

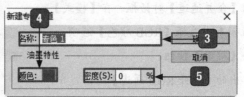

1 单击该下拉按钮。

2 在弹出的下拉菜单中选择【新建专色通道】命令。

3 打开【新建专色通道】对话框，在【名称】文本框中可以给新建的专色通道命名。默认的情况下将自动命名为【专色1】【专色2】等。

4 在【油墨特性】选项组中可以设定颜色和密度。【颜色】设置项用于设定专色通道的颜色。

5 【密度】参数框可以设定专色通道的密度，其范围为 0% ～ 100%。此选项的功能对实际的打印效果没有影响，只是在编辑图像时可以模拟打印的效果。此选项类似于蒙版颜色的透明度。

> **提示：**
>
> 选择专色通道后，可以用绘画或编辑工具在图像中绘画，从而编辑专色。用黑色绘画可添加更多不透明度为 100% 的专色；用灰色绘画可添加不透明度较低的专色；用白色涂抹的区域无专色。绘画或编辑工具选项中的"不透明度"决定了用于打印输出的实际油墨浓度。

6.7 Alpha 通道

在 Photoshop CC 中 Alpha 通道有三种用途：一是用于保存选区；二是可以将选区存储为灰度图像，这样就能够用画笔加深、减淡等工具及各种滤镜，通过编辑 Alpha 通道来修改选区；三是可以从 Alpha 通道中载入选区。

在 Alpha 通道中，白色代表了可以被选择的区域，黑色代表了不能被选择的区域，灰色代表了可以被部分选择的区域（即羽化区域）。用白色涂抹 Alpha 通道可以扩大选区范围；用黑色涂抹可以收缩选区；用灰色涂抹可以增加羽化范围。

Alpha 通道是用来保存选区的，它可以将选区存储为灰度图像，用户可以通过添加 Alpha 通道来创建和存储蒙版，这些蒙版用于处理或保护图像的某些部分，Alpha 通道与颜色通道不同，它不会直接影响图像的颜色。

新建 Alpha 通道有以下两种方法。

如果在 Photoshop CC 图像中创建了选区，单击【通道】面板中的【将选区存储为通道】按钮，可将选区保存到 Alpha 通道中，如下图所示。

用户也可以在按住【Alt】键的同时单击【新建】按钮，弹出【新建通道】对话框，如下图所示。

（1）【被蒙版区域】单选按钮：选中该单选按钮，新建的通道中，黑色的区域代表被蒙版的范围，白色的区域则是选取的范围，下图所示为在选中【被蒙版区域】单选按钮的情况下创建的 Alpha 通道。

（2）【所选区域】单选按钮：选中该单选按钮，可得到与选中【被蒙板区域】单选按钮刚好相反的结果，白色的区域表示被蒙版的范围，黑色的区域则代表选取的范围，下图所示为在选中【所选区域】单选按钮的情况下创建的 Alpha 通道。

（3）【不透明度】设置框：用于设置颜色的透明程度。

单击【颜色】颜色框后，可以选择合适的色彩，这时蒙版颜色的选择对图像的编辑没有影响，它只是用来区分选区和非选区，使我们可以更方便地选取范围。【不透明度】的参数不影响图像的色彩，它只对蒙版起作用。【颜色】和【不透明度】参数的设定只是为了更好地区分选取范围和非选取范围，以便精确选取。

> **提示：**
> 只有同时选中当前的 Alpha 通道和另外一个通道，才能看到蒙版的颜色。

6.8 综合实战——为照片制作风格特效

本实例主要利用【移动工具】【图层】命令和【渐变工具】等来制作一个彩色文字人像图片。

1. 打开文件

1 选择【文件】命令。

2 选择【打开】命令。

3 打开随书光盘中的"素材 \ch06\04.jpg"文件。

2.调整图像

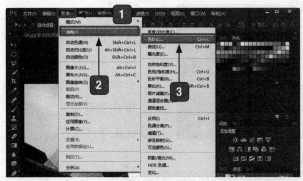
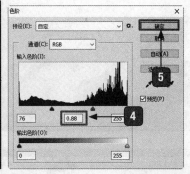

① 选择【图像】命令。

② 选择【调整】命令。

③ 选择【色阶】命令。

④ 打开【色阶】对话框，调整人物的明暗度，在文本框中输入数值。

⑤ 单击【确定】按钮。

⑥ 调整后的效果。

⑦ 选择【滤镜】命令。

⑧ 选择【滤镜库】命令。

⑨ 在打开的界面中选择【素描】→【便条纸】选项。

⑩ 进行参数设置（人物颜色是根据设置的当前前景色而固定的，这里使用了蓝色）。

⑪ 单击【确定】按钮。

147

12 按【Ctrl+Alt+2】组合键把人物高光部分提出来，按【Ctrl+Shift+I】组合键反选一下，再按【Ctrl+J】组合键创建一个图层并关闭背景显示。

13 设置好的效果。

提示：

　　【大字体】输入自己想要的文字，调整字体大小，然后对文字更换字体，字体别太细，种类也不要用很多。输好排版完成之后把那些大字体合并成一个图层，命名为【大字体】。

14 选择【文本工具】输入文字，这里步骤有点多，输入内容可以根据自己的需要来做，不要输入标点符号，也不要全部都输入在一个图层中，分两个图层来做，包括小字体、大字体。

15 输入【大字体】完成后的效果。

16 继续输入【小字体】。

17 主要是把文字围绕在大字旁边，其他地方用小字填充，尽量不要复制，否则复制多的地方会出现平铺一样的纹理现象。

18 按住【Ctrl】键选择【图层1】图层，然后反选一下，再使用【自由套索工具】，按住【Alt】键圈选人物边缘的字，保留一点点完整字体，这样我们在删除的时候会保留一些字体，不会因为轮廓太圆滑把字都切掉了，也可以适当羽化一下边缘。

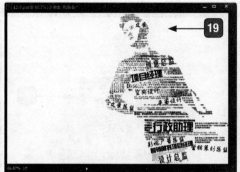
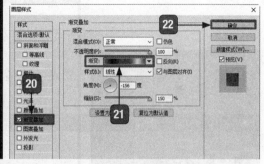

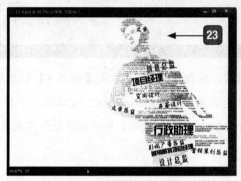

19 删除字体图层的图形，在【图层1】图层的上方新建【图层2】图层，填充白色，然后隐藏【图层1】图层，可以看到处理好之后的效果。

20 双击【大字体】图层，打开【图层样式】对话框，选中【渐变叠加】复选框。

21 设置【渐变颜色】为【色谱】。

22 单击【确定】按钮。

23 设置好的效果。

24 在【小字体】图层上右击，在弹出的快捷菜单中选择【混合选项】命令，再选择【渐变叠加】选项，然后设置【渐变颜色】为【色谱】，完成设置后的效果。

3. 添加滤镜特效

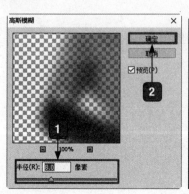
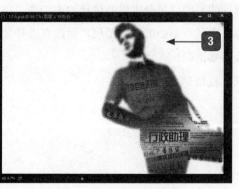

1️⃣ 在【图层2】图层上面新建一个空白图层，按住【Ctrl】键单击【图层1】图层载入选区，然后给新图层添加一个渐变，渐变色使用人物用的那个颜色。完成之后选择【滤镜】→【模糊】→【高斯模糊】命令，在打开的【高斯模糊】对话框中进行参数设置。

2️⃣ 单击【确定】按钮。

3️⃣ 设置高斯模糊后的效果。

4️⃣ 将该图层【不透明度】设置为"10%"。

5️⃣ 完成后的最终效果。

痛点解析

痛点：快速查看蒙版

小白：好麻烦啊，使用蒙版后每次选择图像都会选错。

大神：怎么会选错呢？

小白：选择的范围总是会比想要选择的大一些。

大神：你是不是不小心选了原图层，而没有选择蒙版图层的图像啊？

小白：我不知道啊！

大神：来，我帮你看看。

1 打开随书光盘中的"素材\06\02.psd"文件。

2 在【图层】面板中,按下【Shift】键的同时单击蒙版缩览图,可以在画布中快速停用蒙版,再次执行该操作则启用蒙版。

3 在【图层】面板中,按下【Ctrl】键的同时单击蒙版缩览图,可以快速建立蒙版选区。

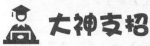

问:如何在通道中改变图像的色彩?

用户除了用【图像】中的【调整】命令以外,还可以使用通道来改变图像的色彩。原色通道中存储着图像的颜色信息。图像色彩调整命令主要是通过对通道的调整来起作用的,其原理就是通过改变不同色彩模式下原色通道的明暗分布来调整图像的色彩。

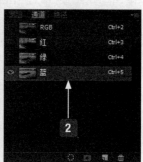

1 打开随书光盘中的"素材\ch06\05.jpg"图像。

2 打开【通道】面板,选择【蓝】通道。

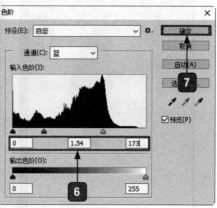

3 选择【图像】命令。

4 选择【调整】命令。

5 选择【色阶】命令。

6 打开【色阶】对话框,设置其中的
参数。

7 单击【确定】按钮。

8 选择【RGB】通道,即可看到调整
图像色彩的效果。

07

Chapter

第7章

矢量工具与路径使用技巧

>>> 在 Photoshop CC 中使用路径有什么优点，你知道吗？

>>> 都有什么工具可以制作出路径呢？

>>> 想不想制作出精确、漂亮的手绘物品？

这一章就来告诉你绘制精确物品的秘诀！

7.1 使用【路径】面板

Photoshop CC中提供了【路径】面板,可以对路径快速而方便地进行管理。

7.1.1 快速选取并显示路径

1 打开随书光盘中的"素材\ch07\01.psd"文件。

2 在【路径】面板中可以看到有两个路径。

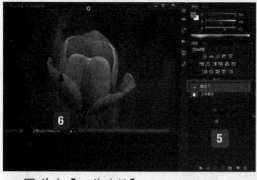
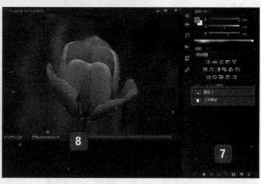

3 单击【工作路径】。

4 即可看到图像中显示了"工作路径"中的路径。

5 单击【路径1】。

6 即可看到图像中显示了"路径1"中的

路径。

7 单击【路径1】,按住【Ctrl】键,单击【工作路径】。

8 即可看到图像中显示了两条路径。

7.1.2 保存工作路径

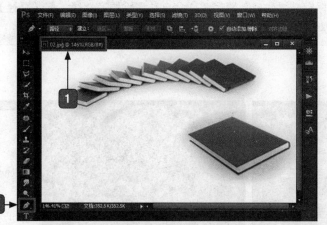

1 打开随书光盘中的"素材\ch07\02.jpg"文件。

2 单击工具箱中的【钢笔工具】按钮。

3 在图像中使用【钢笔工具】创建一个路径。

4 在【路径】面板即可出现【工作路径】，双击【工作路径】。

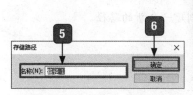

5 打开【存储路径】对话框，在【名称】文本框中可以为路径进行命名，默认名称为"路径1"。

6 单击【确定】按钮。

7 在【路径】面板空白处单击，再次使用【钢笔工具】在图像中绘制路径。

8 在【路径】面板中即可出现新的【工作路径】。

7.1.3 创建新路径

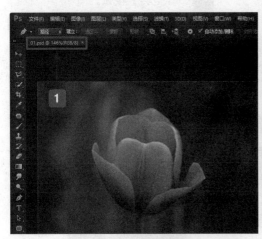 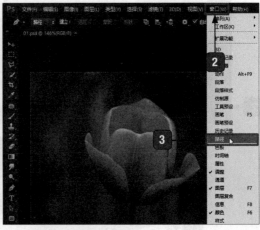

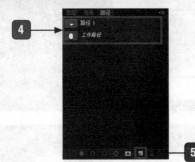 

1 打开随书光盘中的"素材 \ch07\01.psd"
文件。

2 选择【窗口】命令。

3 选择【路径】命令。

4 即可打开【路径】面板。

5 单击【创建新路径】按钮。

6 即可创建一个新的路径。

7.1.4 复制和删除路径

1. 最常用的方法——使用鼠标拖曳

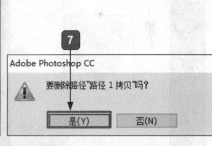

1️⃣ 打开随书光盘中的"素材 \ch07\01.psd"文件。

2️⃣ 在【路径】面板中可以看到有两个路径。

3️⃣ 单击并拖曳【路径 1】到【创建新路径】按钮上。

4️⃣ 即可复制"路径 1",得到"路径 1 拷贝"路径。

5️⃣ 选择要删除的路径。

6️⃣ 单击【删除当前路径】按钮。

7️⃣ 在打开的提示框中单击【是】按钮。

8️⃣ 即可删除该路径。

2. 最便捷的方法——使用快捷键

选择要删除的路径，按【Delete】键，即可直接删除该路径。

7.1.5 填充路径

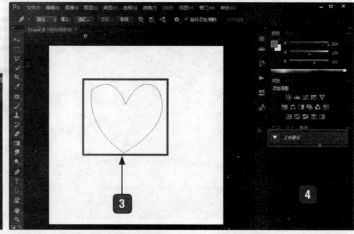

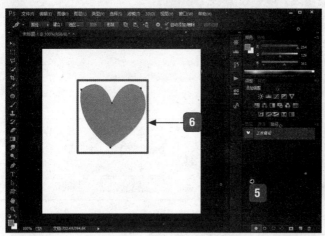

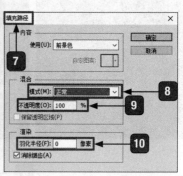

1 选择【文件】命令。

2 选择【打开】命令。

3 打开"素材 \ch07\03.psd"文件可以看到绘制的路径。

4 在【路径】面板中出现【工作路径】。

5 在【路径】面板中单击【用前景色填充路径】按钮。

6 即可填充路径。

7 按住【Alt】键的同时单击【用前景色填充】按钮，可弹出【填充路径】对话框。

8 在【模式】下拉列表中可以选择混合模式。

9 在【不透明度】文本框中可以输入不透明度数值。

10 在【羽化半径】文本框中可以输入羽化值。

7.1.6 描边路径

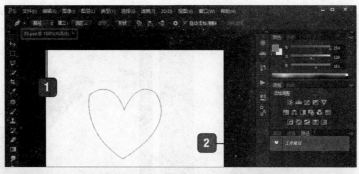

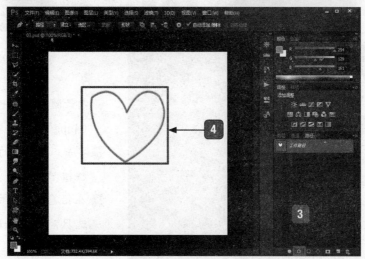

提示：

　　描边情况与画笔的设置有关，所以要对描边进行控制，就需要先对画笔进行相关设置（如画笔的大小和硬度等）。按住【Alt】键的同时单击【用画笔描边路径】按钮，弹出【描边路径】对话框，设置完描边的方式后，单击【确定】按钮即可对路径进行描边。

1️⃣ 打开随书光盘中的"素材\ch03\03.psd"文件。

2️⃣ 在【路径】面板中出现【工作路径】。

3️⃣ 在【路径】面板中单击【用画笔描边路径】按钮。

4️⃣ 即可对路径进行描边。

7.1.7 路径与选区的转换方法

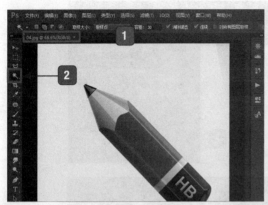
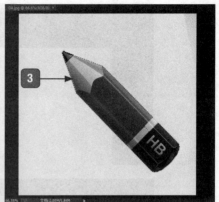

1. 打开随书光盘中的"素材\03\04.jpg"文件。

2. 单击工具箱中的【魔棒工具】按钮。

3. 在铅笔以外的白色区域创建选区，按【Ctrl+Shift+I】组合键反选选区。

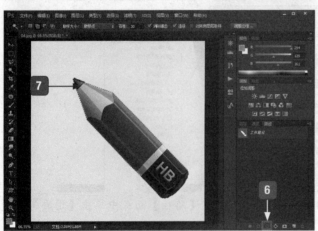

4. 在【路径】面板上单击【从选区生成工作路径】按钮。

5. 即可将选区转换为路径。

6. 在【路径】面板上单击【将路径作为选区载入】按钮。

7. 即可将路径作为选区载入。

7.2 使用矢量工具

矢量工具可以用来绘制矢量图像，常见的矢量工具有形状工具和钢笔工具。

7.2.1 快速使用矢量工具创建的内容

Photoshop CC 提供了 5 种绘制规则形状的工具：【矩形工具】【圆角矩形工具】【椭圆工具】【多边形工具】和【直线工具】。

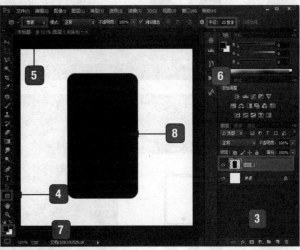

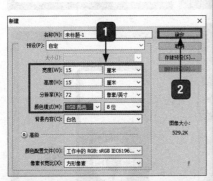

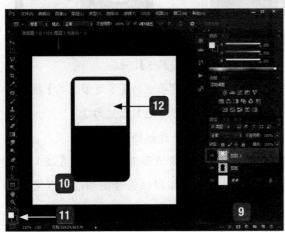

1 新建一个 15 厘米×15 厘米的图像，并设置【分辨率】为 72 像素 / 英寸，设置【颜色模式】为 RGB 颜色。

2 单击【确定】按钮。

3 新建【图层 1】图层。

4 单击工具箱中的【圆角矩形工具】按钮。

5 在选项栏中单击【像素】按钮。

6 圆角半径设置为 20 像素。

7 设置前景色为黑色。

8 绘制一个圆角矩形作为播放器轮廓图形。

9 新建【图层 2】图层。

10 单击工具箱中的【矩形工具】按钮。

11 设置前景色为白色。

12 绘制一个矩形作为播放器屏幕图形。

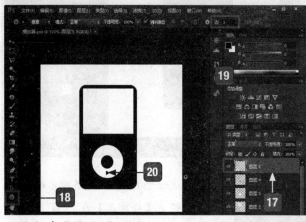

13 新建【图层 3】图层。

14 单击工具箱中的【椭圆工具】按钮。

15 在画面上确定一个点开始绘制圆形。

16 重复上面的操作步骤，新建一个图层，
   设置前景色为黑色，再次使用【椭圆
   工具】绘制一个圆形，作为播放器按
   钮的内部图形。

17 新建【图层 5】图层。

18 单击工具箱中的【多边形工具】按钮。

19 把多边形【边】设置为 3。

20 绘制一个开始播放按钮。

21 使用【多边形工具】和【直线工具】
   绘制内部按钮符号图形，即可完成播
   放器的绘制。

7.2.2 了解路径与锚点

钢笔工具属于矢量绘图工具，其优点是可以绘制平滑的曲线，在缩放或变形之后仍能保持平滑效果。

钢笔工具画出来的矢量图形称为路径，路径是矢量的，路径允许是不封闭的状态，如果把起点与终点重合绘制，就可以得到封闭的路径。

路径可以转换为选区，也可以进行填充或者描边。

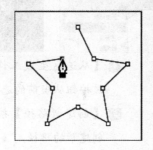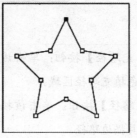

1. 路径的特点

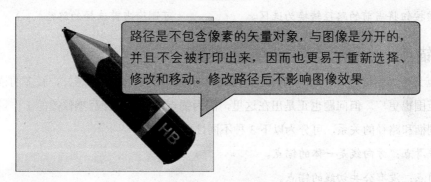

路径是不包含像素的矢量对象，与图像是分开的，并且不会被打印出来，因而也更易于重新选择、修改和移动。修改路径后不影响图像效果

2. 路径的组成

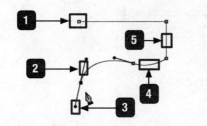

1 锚点。

2 方向段。

3 方向点。

4 曲线段。

5 直线段。

提示：

　　锚点被选中时为一个实心的方点，未选中时是空心的方点。控制点在任何时候都是实心的方点，而且比锚点小。

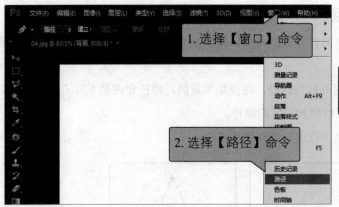

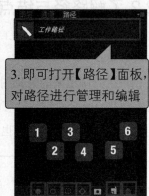

1. 选择【窗口】命令

2. 选择【路径】命令

3. 即可打开【路径】面板，对路径进行管理和编辑

1 【用前景色填充路径】按钮：单击该按钮使用前景色填充路径区域。

2 【用画笔描边路径】按钮：单击该按钮使用画笔工具描边路径。

3 【将路径作为选区载入】按钮：单击该按钮将当前的路径转换为选区。

4 【从选区生成工作路径】按钮：单击该按钮从当前的选区中生成工作路径。

5 【创建新路径】按钮：单击该按钮可创建新的路径。

6 【删除当前路径】按钮：单击该按钮可删除当前选择的路径。

7.2.3 锚点

锚点又称为定位点，它的两端会连接直线或曲线。锚点数量越少越好，较多的锚点使可控制的范围也更广。但问题也正是出在这里，因为锚点多，可能使后期修改的工作量也大。根据控制柄和路径的关系，可分为以下 3 种不同性质的锚点。

1 平滑点：方向线是一体的锚点。

2 角点：没有公共切线的锚点。

3 拐点：控制柄独立的锚点。

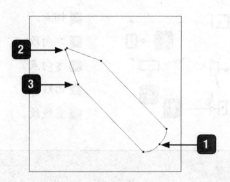

7.2.4 使用形状工具

1. 绘制规则形状

Photoshop CC 提供了 5 种绘制规则形状的工具：【矩形工具】【圆角矩形工具】【椭圆工具】【多边形工具】和【直线工具】。

1 选择【文件】命令。

2 选择【新建】命令。

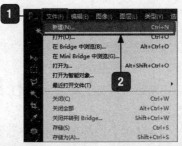

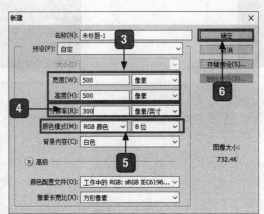

3 在【新建】对话框中设置文档的宽度为"500像素"，高度为"500像素"。

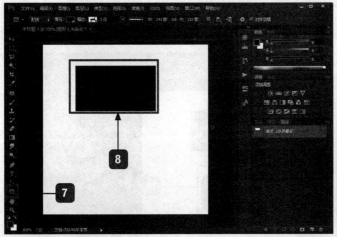

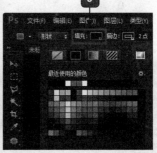

4 在【分辨率】文本框中输入"300 像素 / 英寸"。

5 在【颜色模式】下拉列表中选择"RGB 颜色"。

6 单击【确定】按钮。

7 单击【矩形工具】按钮。

8 在新建的文件上拖曳鼠标绘制一个矩形。

9 单击【填充】下拉按钮即可在面板中设置填充的颜色。

10 单击【描边】下拉按钮即可在面板中设置描边的颜色。

11 也可以设置描边的粗细与线型。

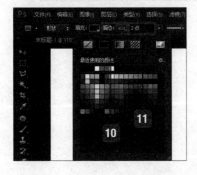

165

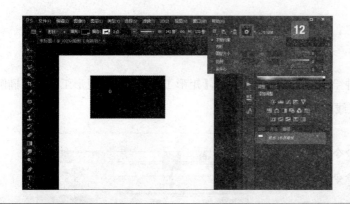

12 单击【设置】下拉按钮，
弹出矩形工具菜单。

提示：

（1）【不受约束】单选按钮：选中此单选按钮，矩形的形状完全由鼠标的拖曳决定。

（2）【方形】单选按钮：选中此单选按钮，绘制的矩形为正方形。

（3）【固定大小】单选按钮：选中此单选按钮，可以在【W】参数框和【H】参数框中输入所需的宽度和高度的值，默认的单位为像素。

（4）【比例】单选按钮：选中此单选按钮，可以在【W】参数框和【H】参数框中输入所需的宽度和高度的整数比。

（5）【从中心】复选框：选中此复选框，拖曳矩形时，鼠标指针的起点为矩形的中心。

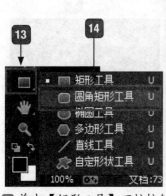

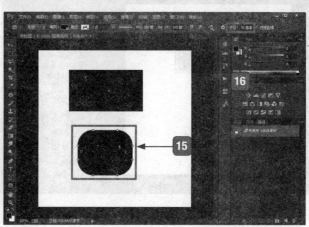

13 单击【矩形工具】下拉按钮。

14 选择【圆角矩形工具】命令。

15 在文件中绘制出一个圆角矩形。

16 在【半径】文本框中输入圆角矩形的半径值。

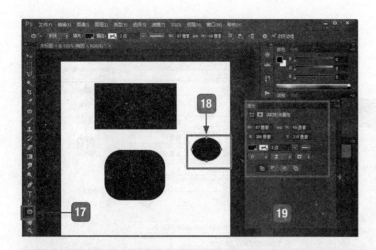

17 单击【椭圆工具】按钮。

18 在文件中绘制一个椭圆。

19 椭圆工具绘制完成后弹出【属性】面板。

提示：

（1）使用【多边形工具】可以绘制出所需的正多边形。绘制时，鼠标指针的起点为多边形的中心，而终点则为多边形的一个顶点。

【边】参数框：用于输入所需绘制的多边形的边数。

单击选项栏中的按钮，可打开【多边形选项】设置框，其中包括【半径】【平滑拐角】【星形】【缩进边依据】和【平滑缩进】等选项。

① 【半径】参数框：用于输入多边形的半径长度，单位为像素。

② 【平滑拐角】复选框：选中此复选框，可使多边形具有平滑的顶角。多边形的边数越多，越接近圆形。

③ 【星形】复选框：选中此复选框，可使多边形的边向中心缩进呈星状。

④ 【缩进边依据】设置框：用于设定边缩进的程度。

⑤ 【平滑缩进】复选框：只有选中【星形】复选框时此复选框才可选。选中【平滑缩进】复选框，可使多边形的边平滑地向中心缩进。

（2）使用【直线工具】可以绘制直线或带有箭头的线段。

使用的方法是：以鼠标指针拖曳的起始点为线段起点，拖曳的终点为线段的终点。按住【Shift】键可以将直线的方向控制在 0°、45° 或 90°。

单击选项栏中的按钮可弹出【箭头】设置区，包括【起点】【终点】【宽度】【长度】和【凹度】等选项。

① 【起点】【终点】复选框：二者可选中一个，也可以都选中，用以决定箭头在线段的哪一方。

② 【宽度】参数框：用于设置箭头宽度和线段宽度的比值，可输入 10% ～ 1000% 之间的数值。

③ 【长度】参数框：用于设置箭头长度和线段宽度的比值，可输入 10% ～ 5000% 之间的数值。

④ 【凹度】参数框：用于设置箭头中央凹陷的程度，可输入 -50% ～ 50% 之间的数值。

2 绘制不规则形状

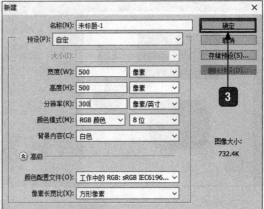

1 选择【文件】命令。

2 选择【新建】命令。

3 重复上面操作新建文件并设
置参数，单击【确定】按钮。

4 单击【自定形状工具】按钮。

5 单击【形状】下拉按钮。

6 在弹出的下拉面板中选择一
种形状。

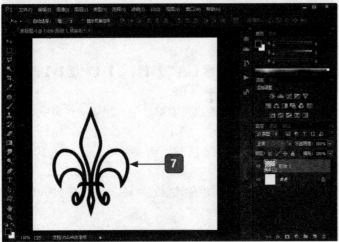

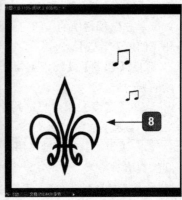

7 在图像上单击，并拖曳鼠标即可绘制一个自定义形状。

8 多次单击并拖曳鼠标，可以绘制出大小不同的形状。

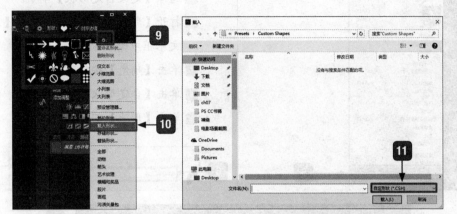

9 单击【设置】按钮。

10 在弹出的下拉菜单中选择【载入形状】选项。

11 可以载入外部形状文件，其文件类型为"*.CSH"。

3. 自定义形状

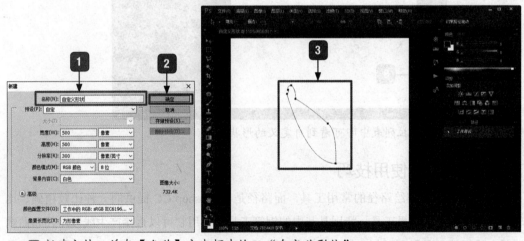

1 新建文件，并在【名称】文本框中输入"自定义形状"。

2 重复上面操作设置文件大小，单击【确定】按钮。

3 使用钢笔工具绘制出喜欢的图形。

4 选择【编辑】命令。

5 选择【定义自定形状】命令。

6 打开【形状名称】对话框，在【名称】
文本框中输入"花瓣"。

7 单击【确定】按钮。

8 单击【自定形状工具】按钮。

9 单击【形状】下拉按钮。

10 在【形状】下拉列表中即可看到自定义的形状。

7.2.5 钢笔工具使用技巧

钢笔工具组是描绘路径的常用工具，而路径是 Photoshop CC 提供的一种比较精确、比较灵活的绘制选区边界工具，特别是其中的钢笔工具，使用它可以直接产生线段路径和曲线路径。【钢笔工具】可以创建精确的直线和曲线。它在 Photoshop 中主要有两种用途：一是绘制矢量图形，二是选取对象。在作为选取工具使用时，钢笔工具描绘的轮廓光滑、准确，是比较精确的选取工具。

1. 钢笔工具

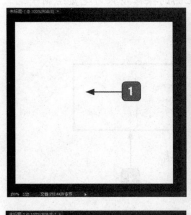 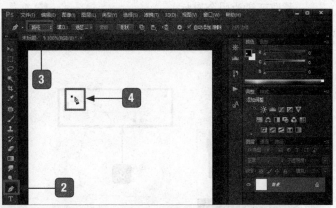

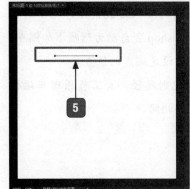 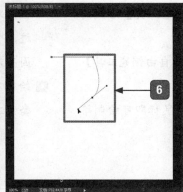

1 新建一个 500 像素 ×
500 像素的画布。

2 单击工具箱中的
【钢笔工具】按钮。

3 在选项栏中单击
【路径】按钮。

4 在画面上确定一个
点开始绘制花盆。

> **提示:**
> 　　方向点的位置及方向线的长短会影响曲线的方向和曲度。

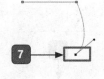

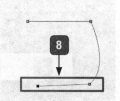 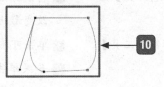 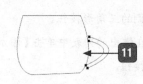

171

5 在两个不同的地方单击即可绘制直线。

6 单击并拖曳鼠标绘制出第二点，这样就可以绘制曲线并使锚点两端出现方向线。

7 按下【Alt】键暂时切换为转换点工具。

8 松开【Alt】键在新的地方单击另一点即可。

9 把鼠标指针放在路径开始的点上，钢笔即可变为闭合图标。

10 单击即可闭合路径。

11 重复上面的操作步骤为花盆绘制手柄。

2. 自由钢笔工具

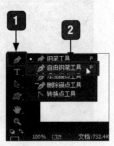

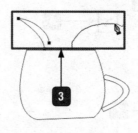

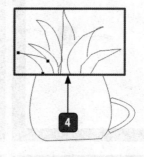

1 单击工具箱中的【钢笔工具】右侧的三角形按钮。

2 在弹出的列表中单击【自由钢笔工具】按钮。

3 在画面中单击并拖动鼠标即可绘制路径，路径的形状为鼠标指针运动的轨迹，Photoshop会自动为路径添加锚点，因而无须设定锚点的位置。

4 绘制不规则路径，其工作原理与磁性套索工具相同。

3. 添加锚点工具

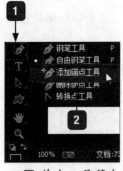

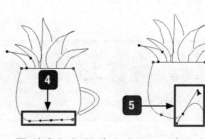

1 单击工具箱中的【自由钢笔工具】右侧的三角形按钮。

2 在弹出的列表中单击【添加锚点工具】按钮。

3 将鼠标指针移至路径上，鼠标指针即可改变形状。

4 单击可添加一个角点。

5 如果单击并拖动鼠标，则可添加一个平滑点。

4.删除锚点

1 单击工具箱中的【添加锚点工具】右侧的三角形按钮。

2 在弹出的列表中单击【删除锚点工具】按钮。

3 将鼠标指针移至路径上，鼠标指针即可改变形状。

4 单击可以删除该锚点。

5.转换点工具

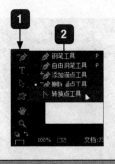  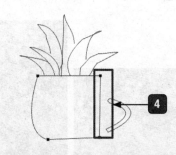

> **提示：**
>
> 如果该锚点是平滑点，单击该锚点可以将其转化为角点。

1 单击工具箱中的【删除锚点工具】右侧的三角形按钮。

2 在弹出的列表中单击【转换点工具】按钮。

3 将鼠标指针移至路径上，鼠标指针即可改变形状。

4 如果该锚点是角点，单击该锚点可以将其转化为平滑点。

7.3 综合实战——手绘智能手表

本节通过使用【圆角矩形工具】【钢笔工具】等来绘制一个精美的智能手表。

1. 新建文件

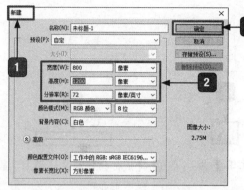
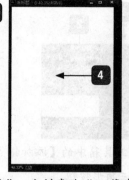

① 选择【文件】→【新建】命令，弹出【新建】对话框。

② 设置宽度为"800像素"，高度为"1200

像素"，分辨率为"72像素/英寸"。

③ 单击【确定】按钮。

④ 即可创建一个空白文档。

2. 绘制正面

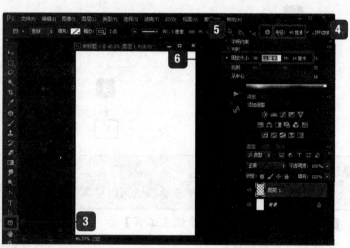

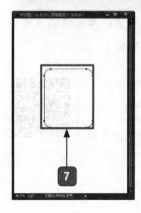

① 在【图层】面板中单击【创建新图层】按钮。

② 即可新建【图层1】图层。

③ 在工具箱中单击【圆角矩形工具】按钮。

④ 设置半径为"45像素"。

⑤ 单击【设置】按钮。

⑥ 在打开的【圆角矩形选项】设置框中选中【固定大小】单选按钮，设置W为"12厘米"、H为"14厘米"。

⑦ 设置前景色为白色，在画面中单击绘制一个白色圆角矩形。

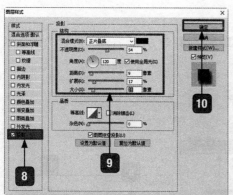
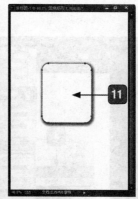

8 在图层上双击，即可打开【图层样式】对话框，选中【投影】复选框。

9 设置投影结构。

10 单击【确定】按钮。

11 即可看到设置图层样式后的效果。

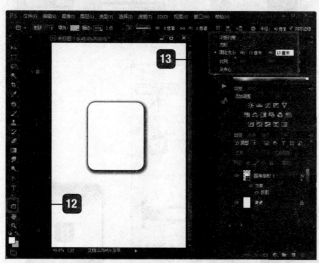

12 单击【圆角矩形工具】按钮。

13 设置半径为"40像素"，单击【设置】按钮，在打开的【圆角矩形选项】设置框中设置 W 为"11 厘米"、H 为"13 厘米"。

14 设置前景色为黑色。

15 在画面中单击绘制一个黑色圆角矩形。

16 即可在【图层】面板中自动生成【圆角矩形 2】图层。

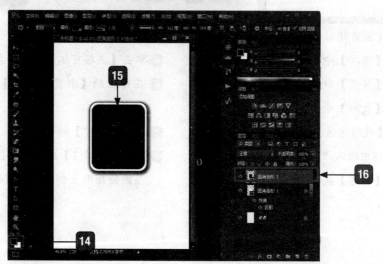

3. 填充渐变色

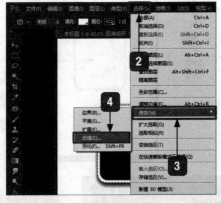

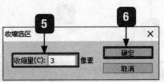

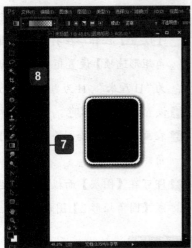

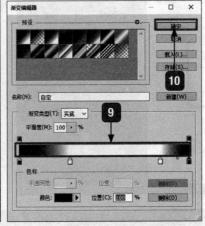

1️⃣ 选择【圆角矩形 1】图层，并建立选区。

2️⃣ 选择【选择】命令。

3️⃣ 选择【修改】命令。

4️⃣ 选择【收缩】命令。

5️⃣ 打开【收缩选区】对话框，在【收缩量】
文本框中输入"3"像素。

6️⃣ 单击【确定】按钮。

7️⃣ 单击【渐变工具】按钮。

8️⃣ 单击【点按可编辑渐变】按钮。

9️⃣ 在弹出的【渐变编辑器】窗口中设置
渐变颜色。

🔟 单击【确定】按钮。

1️⃣1️⃣ 新建【图层 1】图层，按住【Shift】键
在圆角矩形上创建一个线性渐变。

4. 添加内投影效果

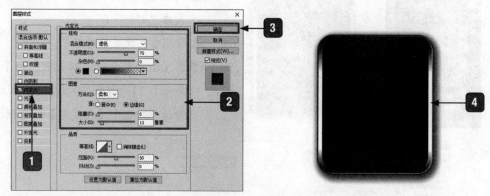

1. 在【图层】面板上双击【图层1】缩览图，弹出【图层样式】对话框，选中【内发光】复选框。

2. 设置内发光样式。

3. 单击【确定】按钮。

4. 设置内发光样式后的效果。

5. 绘制反光细节

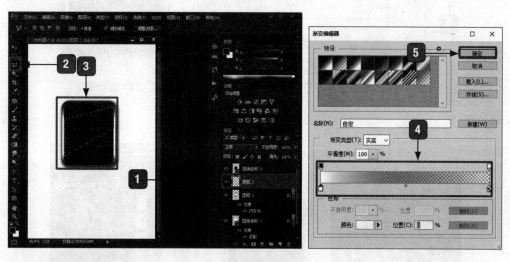

1. 新建【图层2】图层。

2. 选择【多边形套索工具】。

3. 创建一个矩形选区。

4. 选择【渐变工具】，在选项栏上单击【点按可编辑渐变】按钮，在弹出的【渐变编辑器】窗口中设置白色到白色渐变，并设置右边的白色透明度值为"0"。

5. 单击【确定】按钮。

6. 按住【Shift】键在矩形上创造一个线性渐变，然后取消选择。

7 将【图层2】的图层不透明度值设置为 "45%"。

8 即可看到设置后的效果。

9 在【图层】面板上双击黑色的【圆角矩形2】缩览图，弹出【图层样式】对话框，选中【内发光】复选框。

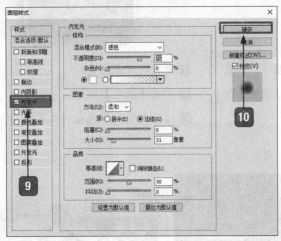

10 设置颜色为白色，单击【确定】按钮。

11 即可得到设置后的效果。

6. 添加素材

1 打开随书光盘中的 "素材 \ch07\05.jpg" 图像。

2 选择【移动工具】，将 "05.jpg" 拖曳到 "手表" 文档中。按【Ctrl+T】组合

键调整图像的位置和大小，使其符合屏幕大小。

3 选择该图层。

4 设置【图层混合模式】为【变亮】。

7. 制作按键

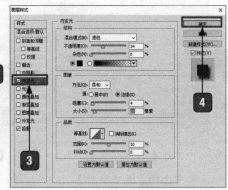

1 新建一个图层，选择【矩形工具】，设置前景色为白色，在"手表"的右侧绘制一个矩形。

2 将【圆角矩形1】的图层样式复制到按钮图层上。

3 在【图层】面板上双击按钮图层缩览图，弹出【图层样式】对话框，选中【内发光】复选框。

4 设置颜色为黑色，单击【确定】按钮。

5 即可得到设置后的效果。

8. 绘制表带

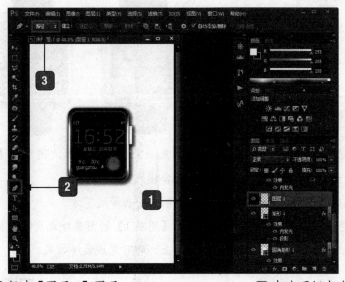

1 新建【图层3】图层。

2 单击【钢笔工具】按钮。

3 在选项栏中选择【路径】选项。

4 在画面上绘制表带路径。

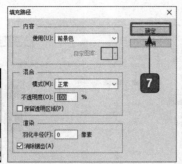

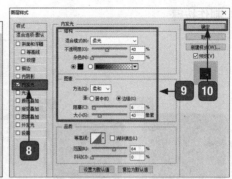

5 在【路径】面板中右击【工作路径】。

6 在弹出的下拉菜单中选择【填充路径】命令。

7 在打开的【填充路径】对话框中设置前景色为深咖啡色，单击【确定】按钮。

8 在【图层】面板上双击表带图层缩览图，弹出【图层样式】对话框，选中【内发光】复选框。

9 设置内发光样式。

10 单击【确定】按钮。

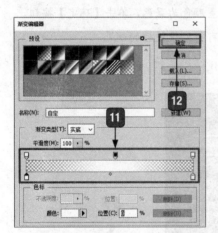

11 新建一个图层，选择【矩形选框工具】，在表带和表盘衔接处绘制一个矩形，在【渐变编辑器】窗口中将其填充为【透明—白色—透明】渐变色。

12 单击【确定】按钮。

13 填充渐变色后，设置该图层的【图层混合模式】。

14 复制一个表带到下方。

15 将【图层1】的图层样式复制到表带图层上，即可完成最终效果。

痛点解析

痛点：有关钢笔工具的显示状态

小白：天哪！我都要崩溃了！一个钢笔工具就那么多的显示状态！我都晕啦，到底应该在什么样的显示状态下进行什么样的操作啊？

大神：不要急，静下心来，其实钢笔工具的显示状态只有 4 个，每个显示状态的右下角的小图标都不一样，只要分清它们就不成问题了。

小白：我就是分不清楚啊，好混乱。

大神：来来来，我带你分清楚它们。

　　状态：当鼠标指针在画面中显示为 时，单击可创建一个角点，单击并拖动鼠标可以创建一个平滑点。

　　状态：在工具选项栏中选中【自动添加 / 删除】复选框后，当鼠标指针显示为 时，单击可在路径上添加锚点。

　　状态：选中【自动添加 / 删除】复选框后，当鼠标指针在当前路径的锚点上显示为 时，单击可删除该锚点。

　　状态：在绘制路径的过程中，将鼠标指针移至路径的锚点上时，鼠标指针会显示为 状态，此时单击可闭合路径。

　　状态：选择了一个开放的路径后，将鼠标指针移至该路径的一个端点上，鼠标指针显示为 时单击，然后便可继续绘制路径，如果在路径的绘制过程中将钢笔工具移至另外一个开放路径的端点上，鼠标指针显示为 时，单击可以将两端开放式的路径连接起来。

大神支招

选择不规则图像

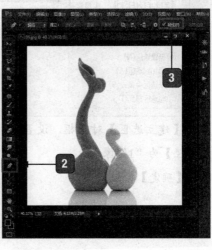

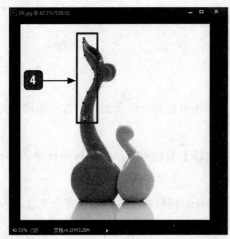

1 打开随书光盘中的 "素材 \ch07\06.jpg" 图像。

2 在工具箱中单击【自由钢笔工具】按钮。

3 在【自由钢笔工具】选项栏中选中【磁性的】复选框。

4 将鼠标指针移到图像窗口中，沿着花瓶的边沿单击并拖动，即可沿图像边缘产生路径。

5 在图像中右击，从弹出的快捷菜单中选择【建立选区】命令

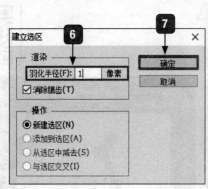

6 打开【建立选区】对话框，设置【羽化半径】为 "1" 像素。

7 单击【确定】按钮。

8 即可建立一个新的选区，这样图中的花瓶就选择好了。

08

Chapter

第8章 文字编辑与排版技巧

- 有没有看到过一些很棒的排版？
- 别人设计的版式看起来很整齐，想不想知道他们是怎么做到的？
- 想不想让文字的排列随心所欲？
- 各种效果的文字是怎样做出来的？怎么会有那么大的冲击力？

这一章就来告诉你文字排版与设计的秘诀！

8.1 创建文字与文字选区技巧

Adobe Photoshop CC 中的文字由基于矢量的文字轮廓（即以数学方式定义的形状）组成，这些形状描述字样的字母、数字和符号。

8.1.1 快速输入文字

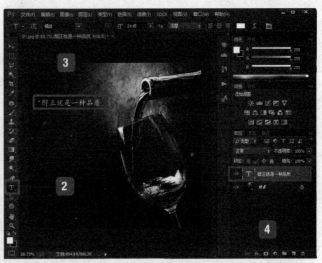

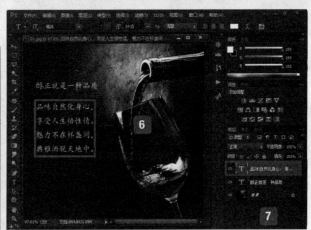

1 打开随书光盘中的"素材\ch08\01.jpg"图像。

2 单击【文字工具】按钮。

3 在文档中单击，输入标题文字。

4 输入完成后，在【图层】面板上即可自动建立文字图层。

5 在文档中单击并向右下角拖动出一个界定框，此时画面中会呈现闪烁的光标。

6 在界定框内输入文本。

7 输入完成后即可在【图层】面板中新建图层。

8.1.2 设置文字属性

1 选择标题文字图层。

2 在工具选项栏中单击【字体】下拉按钮。

3 选择【方正汉真广标简体】选项。

4 选择界定框内的文字图层。

5 在工具选项栏中设置字体为【方正楷体简体】。

6 设置文字大小为【14点】。

185

参数详解如下。

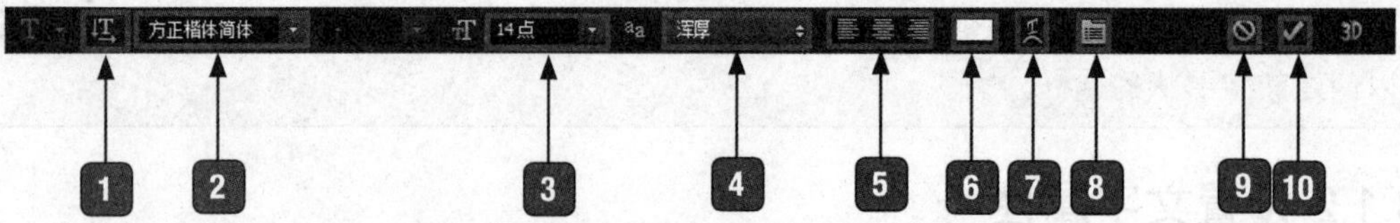

1 【更改文字方向】按钮：单击此按钮可以在横排文字和竖排文字之间进行切换。

2 【字体】设置框：设置字体类型。

3 【字号】设置框：设置文字大小。

4 【消除锯齿】设置框：消除锯齿的方法包括【无】【锐利】【犀利】【浑厚】和【平滑】等，通常设定为【平滑】。

5 【段落格式】设置区：包括【左对齐】按钮、【居中对齐】按钮和【右对齐】按钮。

6 【文本颜色】设置项：单击可以弹出【拾色器（前景色）】对话框，在对话框中可以设定文本颜色。

7 【创建文字变形】按钮：设置文字的变形方式。

8 【切换字符和段落面板】按钮：单击该按钮可打开【字符】面板和【段落】面板。

9 ：取消当前的所有编辑。

10 ：提交当前的所有编辑。

8.1.3 设置段落属性

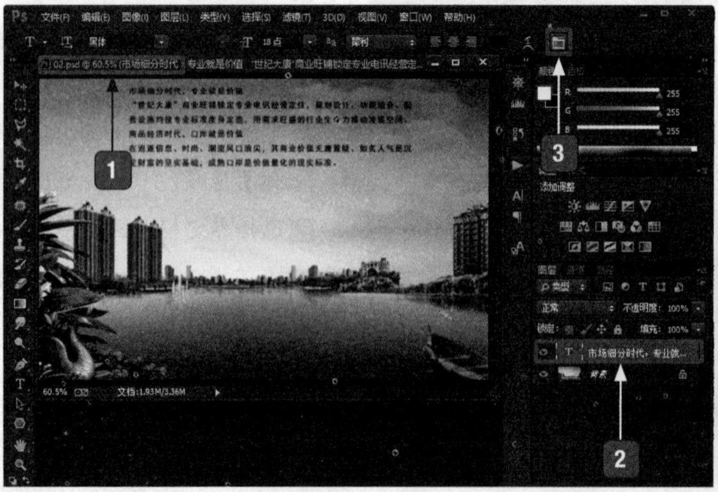

1 打开随书光盘中的“素材\ch08\02.psd”文件。

2 选择文字图层。

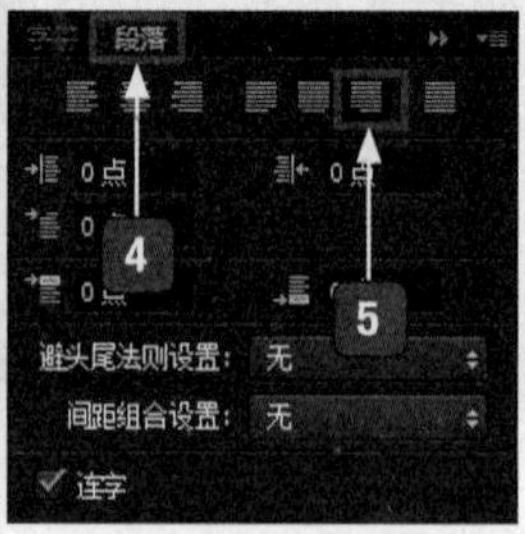

3 在选项栏中单击【切换字符和段落面板】按钮。

4 弹出【字符】面板，切换到【段落】面板。

5 单击【最后一行右对齐】按钮。

6 即可把文本右对齐。

7 单击【最后一行居中对齐】按钮。

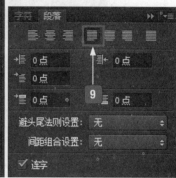

提示：

　　要在调整界定框大小时缩放文字，应在拖曳控制手柄的同时按住【Ctrl】键。

　　若要旋转界定框，可将光标定位在界定框外，此时鼠标指针会变为弯曲的双向箭头形状。

　　按住【Shift】键并拖曳可将旋转限制为按 15°进行。若要更改旋转中心，按住【Ctrl】键并将中心点拖曳到新位置即可，中心点可以在界定框的外面。

8 即可把文本居中对齐。

9 单击【最后一行左对齐】按钮。

10 即可把文本左对齐。

8.2 永久栅格化文字

① 单击工具箱中的【移动工具】按钮。

② 在【图层】面板中选择文字图层。

③ 选择【图层】命令。

④ 选择【栅格化】命令。

⑤ 选择【文字】命令。

⑥ 栅格化后的效果。

提示：

　　文字图层被栅格化后，就成为了一般图形，而不再具有文字的属性。文字图层变为普通图层后，可以对其直接应用滤镜效果。

7 在【图层】面板上右击，在弹出的菜单中选择【栅格化文字】命令，可以得到相同的效果。

8.3 快速创建变形文字

小白：大神！我看到你有一张图上的文字扭曲的特好看！看起来超级别致！

大神：哦，那个啊，那是文字变形。

小白：是这样啊，你可以教我吗？我也好想在我的图上采用那样排列有规律又不死板的文字。

大神：可以啊，其实操作起来并不复杂，跟我一起来学习吧。

1 打开随书光盘中的"素材 \ch08\03.jpg"图像。

2 单击【文字工具】按钮。

3 选择【横排文字工具】，并设置字体样式与大小。

4 在需要输入文字的位置输入文字。

5 在选项栏中单击【创建文字变形】按钮。

189

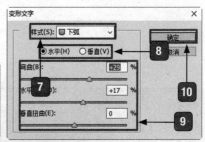

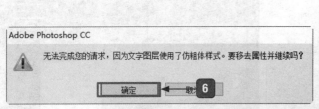

Adobe Photoshop CC

⚠ 无法完成您的请求，因为文字图层使用了仿粗体样式。要移去属性并继续吗？

确定 ← 取消 **6**

选按钮可以选择弯曲的方向。

6 由于字体使用了仿粗体样式，需要去除，在打开的提示框中单击【确定】按钮。

9 设置弯曲的程度，输入适当的数值或拖曳滑块均可。

7 打开【变形文字】对话框，在【样式】下拉列表中选择【下弧】选项。

10 单击【确定】按钮。

11 设置完成后的最终效果。

8 选中【水平】单选按钮和【垂直】单选按钮可以选择弯曲的方向。

8.4 快速创建路径文字

小白：大神，我知道怎么创建变形文字了，但是我看你有的文字段落是围绕图像上的线条做的呀。

大神：是的，那个是绕路径文字，搭配钢笔工具是可以实现的，此外还有区域文字。

小白：大神，你可以再教教我这个吗？

大神：好的！

小白：谢谢大神！

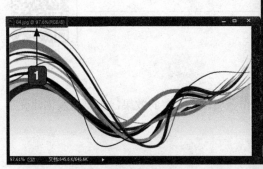

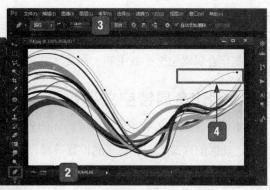

1 打开随书光盘中的"素材\ch08\
　04.jpg"图像。

2 单击工具箱中的【钢笔工具】按钮。

3 在工具选项栏中单击【路径】按钮。

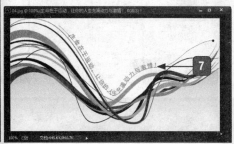

提示：
　　区域文字是文字放置在封闭路径内部，形成和路径相同的文字块，然后通过调整路径的形状来调整文字块的形状。

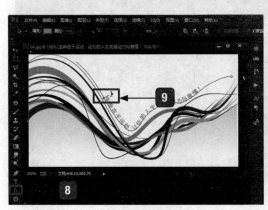

4 绘制希望文本遵循的路径。

5 单击工具箱中的【文字工具】按钮。

6 将鼠标指针移至路径上，鼠标指针变为
　形状。

7 在路径上单击，然后输入文字即可。

8 在工具箱中选择【直接选择工具】。

9 当鼠标指针变为形状时沿路径拖曳
　即可。

8.5 综合实战

制作金属镂空文字效果和七彩文字效果。

8.5.1 制作金属镂空文字效果

本节通过创建文字并添加图层样式的方法制作金属镂空文字的效果，主要涉及创建变形文字、选区的修改、图层样式的设置等操作。

1 新建画布

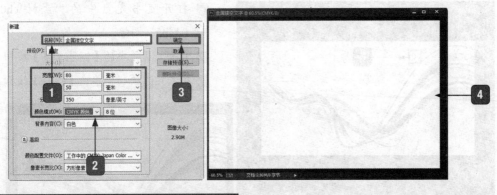

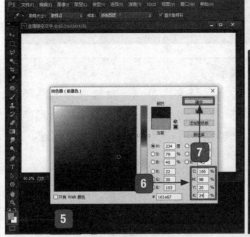

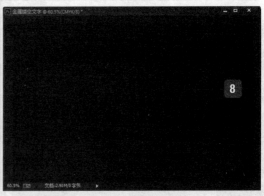

1 选择【文件】→【新建】命令来新建一个名称为"金属镂空文字"的文件。

2 在【新建】对话框中设置大小为"80毫米×50毫米"、分辨率为"350像素/英寸"，颜色模式为"CMYK"。

3 单击【确定】按钮。

4 即可创建一个空白文档。

5 在工具箱中单击【设置前景色】按钮。

6 在【拾色器（前景色）】对话框中设置【C：100，M：98，Y：20，K：24】。

7 单击【确定】按钮。

8 按【Alt+Delete】组合键填充的效果。

2. 创建变形文字

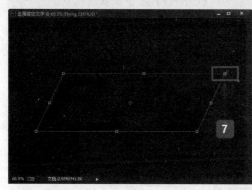 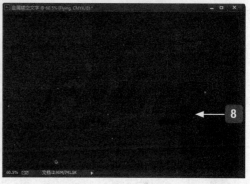

1 选择【文字工具】，在【字符】面板中选择字体。

2 设置文字的各项参数。

3 设置文字颜色。

4 在图像窗口中输入"Flying"，选择【移动工具】，按方向键来适当调整文字

的位置。

5 选择【编辑】命令。

6 选择【自由变换】命令。

7 在按住【Ctrl】键的状态下拖动编辑点对图像进行变形处理。

8 完成后按【Enter】键确定。

3. 选区的修改

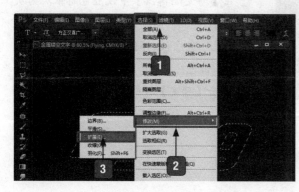

1 选择【选择】命令。

2 选择【修改】命令。

3 选择【扩展】命令。

4 打开【扩展选区】对话框，在【扩展量】文本框中输入"35"像素。

5 单击【确定】按钮。

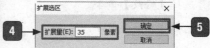

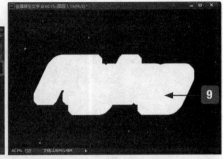

6 即可看到扩展的选区。

7 在【图层】面板中单击【创建新图层】按钮。

8 即可新建【图层1】图层。

9 在工具箱中设置前景色为白色,按【Alt+Delete】组合键填充,再按【Ctrl+D】组合键取消选区。

4.设置图层样式

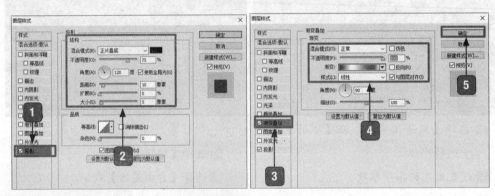

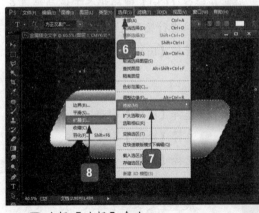

1 双击【图层1】的蓝色区域,在弹出的【图层样式】对话框中选中【投影】复选框。

2 设置投影的结构。

3 选中【渐变叠加】复选框。

4 在【渐变编辑器】中设置色标依次为灰色 (C: 64, M: 56, Y: 56, K: 32),白色,灰色 (C: 51, M: 51, Y: 42, K: 6),白色。

5 单击【确定】按钮。

6 选择【选择】命令。

7 选择【修改】命令。

8 选择【扩展】命令。

9 打开【扩展选区】对话框，在【扩展量】文本框中输入"10"像素。

10 单击【确定】按钮。

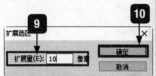

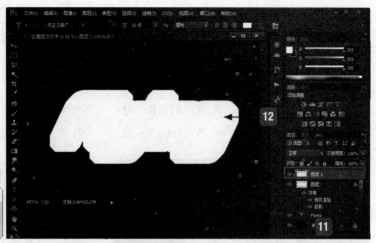

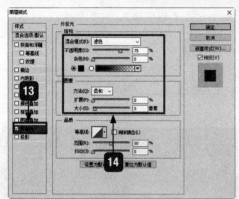

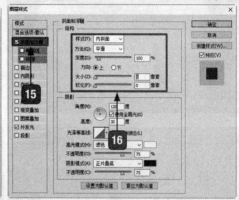

11 新建【图层2】图层。

12 按【Alt+Delete】组合键填充，再按【Ctrl+D】组合键取消选区。

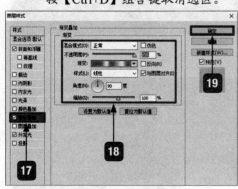

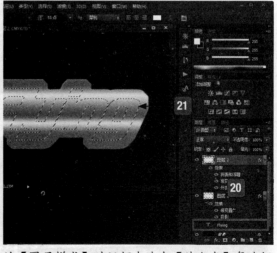

13 双击【图层2】的蓝色区域，在弹出的【图层样式】对话框中选中【外发光】复选框。

14 设置外发光样式。

15 选中【斜面和浮雕】复选框。

16 设置斜面和浮雕样式。

17 选中【渐变叠加】复选框。

18 在【渐变编辑器】中设置色标依次为
土黄色 (C: 17, M: 48, Y: 100, K: 2),
浅黄色 (C: 2, M: 0, Y: 51, K: 0),
土黄色 (C: 17, M: 48, Y: 100, K: 2),
浅黄色 (C: 2, M: 0, Y: 51, K: 0),
土黄色 (C: 17, M: 48, Y: 100, K: 2)。

19 单击【确定】按钮。

20 按住【Ctrl】键的同时单击【Flying】
图层前的缩览图,单击【Flying】图层
前的【指示图层可视性】按钮,隐藏
该图层。

21 将文字载入选区后的效果。

22 选择【选择】命令。

23 选择【修改】命令。

24 选择【扩展】命令。

25 打开【扩展选区】对话框,在【扩展量】
文本框中输入"5"像素。

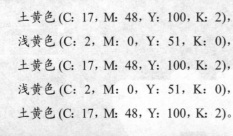

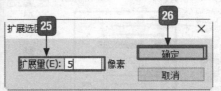

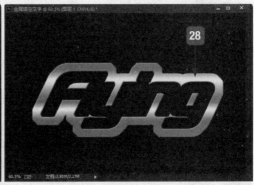

26 单击【确定】按钮。

27 选择【图层2】，按下【Delete】键删除图像。

28 选择【图层1】，按下【Delete】键删除图像，完成后按【Ctrl+D】组合键取消选区。

29 打开随书光盘中的"素材\ch08\05.jpg"文件。

30 使用【移动工具】将文字拖曳到CD碟画面中，调整好位置，并保存文件。

8.5.2 制作绚丽的七彩文字效果

本节通过创建文字并添加图层样式的方法制作绚丽的七彩文字效果，主要涉及创建文字、图层样式的设置等操作。

1. 新建画布

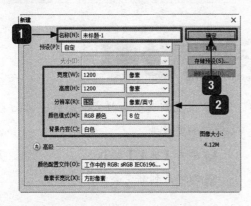

1 选择【文件】→【新建】命令来新建画布。

2 设置大小为"1200像素×1200像素"、分辨率为"150像素/英寸"，颜色模式为"RGB颜色"。

3 单击【确定】按钮。

2. 创建文字

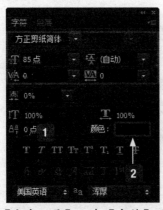

1 选择【文字工具】，在【字符】面板中设置字体和大小。

2 设置文字颜色。

3 在画布中单击并输入文字。

197

3. 设置图层样式

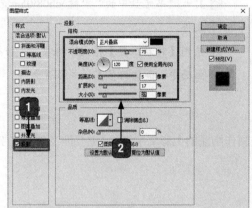 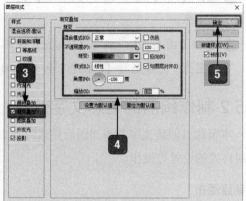

1 在【图层】面板上双击文字图层，弹出【图层样式】对话框，选中【投影】复选框。

2 设置投影样式。

3 选中【渐变叠加】复选框。

4 设置渐变叠加样式，加载一种七彩的渐变效果。

5 单击【确定】按钮。

6 即可看到渐变叠加后的效果。

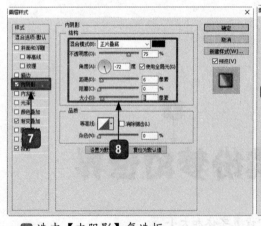 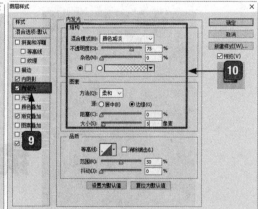

7 选中【内阴影】复选框。

8 设置内阴影样式。

9 选中【内发光】复选框。

10 设置内发光样式。

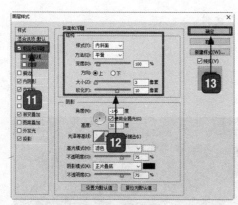

11 选中【斜面和浮雕】复选框。

12 设置斜面和浮雕结构。

13 单击【确定】按钮。

14 即可看到设置后的效果。

痛点解析

痛点：有关创建区域文字效果的问题

小白：大神，你前面提到的区域文字的创建，是怎么做的呀？是把文字放在一个区域里吗？

大神：是的，简单来说就是限定文字的范围与形状，让它的排列更听你的话。

小白：哇，那么厉害啊，大神我们快操作起来吧！

大神：好的！一起来看吧！

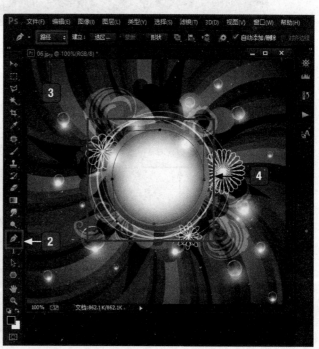

1 打开随书光盘中的"素材\ch08\06.jpg"文件。

2 在工具箱中单击【钢笔工具】按钮。

3 在选项栏中单击【路径】按钮。

4 创建封闭路径。

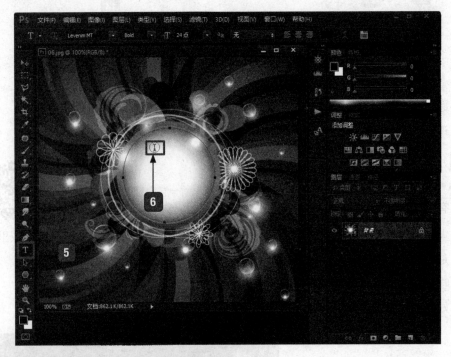

5 在工具箱中单击【文字工具】按钮。

6 将鼠标指针移至路径内，鼠标指针
即可变为 ⒤ 形状。

7 在路径内单击并输入文字到路径内
即可。

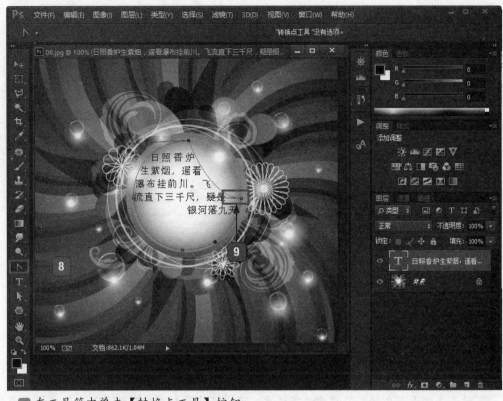

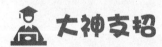 在工具箱中单击【转换点工具】按钮。

 调整路径的形状，即可调整文字块的形状。

大神支招

问：怎样在 Photoshop 中添加字体？

在 Photoshop CC 中所使用的字体其实就是调用了 Windows 系统中的字体，如果感觉 Photoshop 中字库文字的样式太单调，则可以自行添加。具体的操作步骤如下。

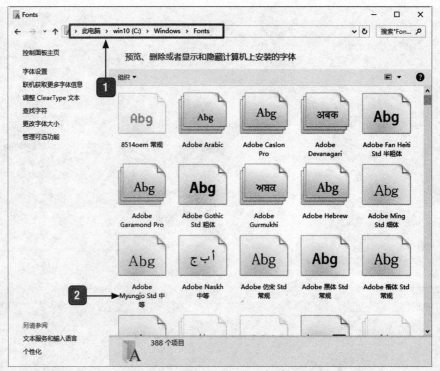

1. 字体文件安装在 Windows 系统的"Fonts"文件夹下。

2. 对于某些没有自动安装程序的字体库，可以将其复制并粘贴到"Fonts"文件夹进行安装。

第 **9** 章

>>> 想不想知道别人的特效是怎么制作出来的？

>>> 有些滤镜在 Photoshop CC 中找不到怎么办？
要手动制作还是加载呢？

>>> 想不想把自己的照片变成仙境的感觉？

这一章就来告诉你 Photoshop 中滤镜的技巧！

滤镜的使用技巧

9.1 【镜头校正】滤镜特效

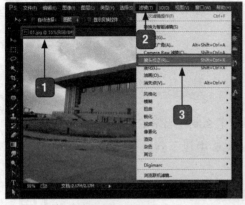

2️⃣ 选择【滤镜】命令。

3️⃣ 选择【镜头校正】命令。

4️⃣ 选择左侧的【拉直工具】。

5️⃣ 在倾斜的图形中绘制一条直线，该直线用于定位调整后图像正确的垂直轴线，可以选择图像中的参照物拉直线。

6️⃣ 拉好直线后松开鼠标，图像自动调整角度，一次没有调整好，可以重复多次操作，本来倾斜的图像则会变得很正。

7️⃣ 单击【确定】按钮。

8️⃣ 返回图像界面，图像矫正完毕。

1️⃣ 打开随书光盘中的"素材\09\01.jpg"文件。

9.2 【液化】滤镜特效

1 打开随书光盘中的"素材 \09\02.jpg"
文件。

2 选择【滤镜】命令。

3 选择【液化】命令。

4 单击【向前变形工具】按钮。

5 设置【画笔大小】为"100",【画笔
压力】为"100"。

6 对图像脸部进行推移。

7 单击【膨胀工具】按钮。

8 设置【画笔大小】为"42",【画笔压力】
为"1"。

9 对图像眼部进行膨胀。

10 单击【确定】按钮。

11 液化的最终效果。

9.3 【消失点】滤镜特效

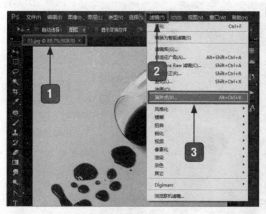

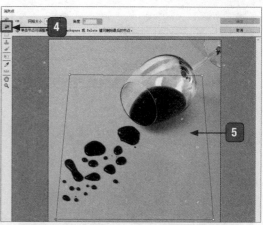

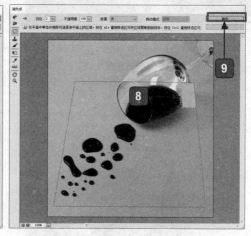

1 打开随书光盘中的"素材 \09\03.jpg"文件。

2 选择【滤镜】命令。

3 选择【消失点】命令。

4 单击【创建平面工具】按钮。

5 在图像中创建图形。

6 单击【选框工具】按钮。

7 选择没有景物的部分。

8 按住【Alt】键,将选框内容拖曳到杯子处。

9 单击【确定】按钮。

10 最终效果。

9.4 【风格化】滤镜特效

1. 查找边缘

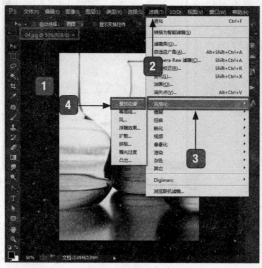

1️⃣ 打开随书光盘中的"素材\09\04.jpg"
   文件。

2️⃣ 选择【滤镜】命令。

3️⃣ 选择【风格化】命令。

4️⃣ 选择【查找边缘】命令。

5️⃣ 查找边缘滤镜效果。

2. 等高线

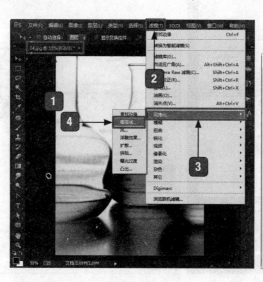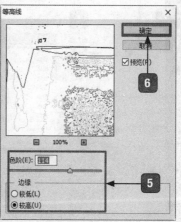

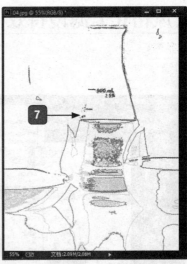

提示：

　　色阶：用来设置描绘边缘的基准亮度等级。

　　方向：用来设置处理图像边缘的位置，以及边界产生方法。选中【较低】单选按钮时，可以在基准亮度等级以下的轮廓上生成等高线；选中【较高】单选按钮时，则在基准亮度等级以上的轮廓上生成等高线。

1️⃣ 打开随书光盘中的"素材\09\04.jpg"文件。

2️⃣ 选择【滤镜】命令。

3️⃣ 选择【风格化】命令。

4️⃣ 选择【等高线】命令。

5️⃣ 在打开的【等高线】对话框中设置色阶的参数。

6️⃣ 单击【确定】按钮。

7️⃣ 等高线效果。

3. 风

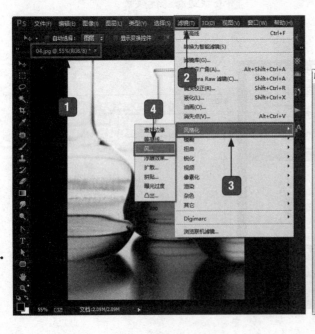

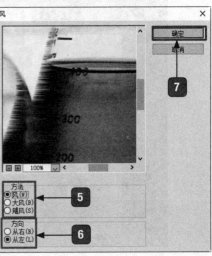

1 打开随书光盘中的"素材 \09\04.jpg"文件。

2 选择【滤镜】命令。

3 选择【风格化】命令。

4 选择【风】命令。

5 在打开的【风】对话框中设置风的等级为"风"。

6 设置风的方向为"从左"。

7 单击【确定】按钮。

8 风的最终效果。

4.浮雕效果

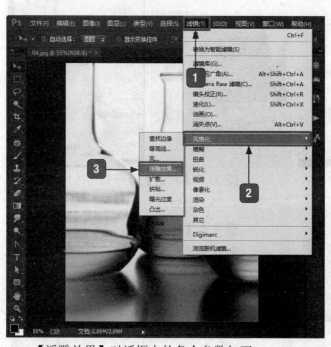

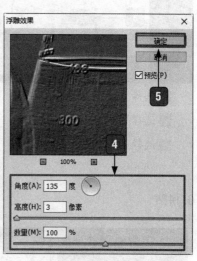

【浮雕效果】对话框中的各个参数如下。

【角度】设置框：用来设置照射浮雕的光线角度，它会影响浮雕的凸出位置。

【高度】设置框：用来设置浮雕效果凸起的高度。

【数量】设置框：用来设置浮雕滤镜的作用范围，该值越高，边界越清晰，小于 40% 时，整个图像会变灰。

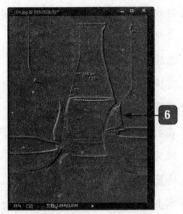

1 选择【滤镜】命令。

2 选择【风格化】命令。

3 选择【浮雕效果】命令。

4 在打开的【浮雕效果】对话框中设置浮雕的参数。

5 单击【确定】按钮。

6 设置浮雕后的效果。

5. 扩散

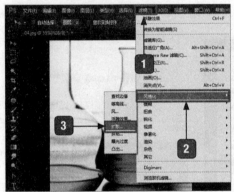
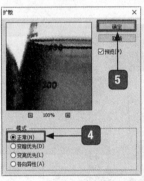

1 选择【滤镜】命令。

2 选择【风格化】命令。

3 选择【扩散】命令。

4 打开【扩散】对话框，选中【正常】单选按钮。

5 单击【确定】按钮。

6 设置扩散后的效果。

6. 拼贴

210

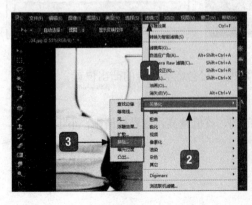
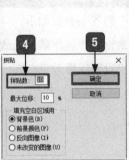
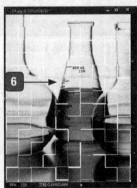

1 选择【滤镜】命令。

2 选择【风格化】命令。

3 选择【拼贴】命令。

4 在打开的【拼贴】对话框中设置拼贴数为"10"。

5 单击【确定】按钮。

6 设置拼贴后的效果。

7. 曝光过度

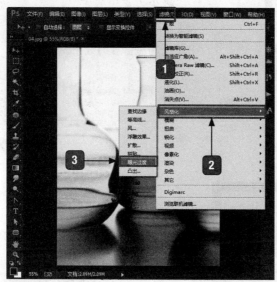
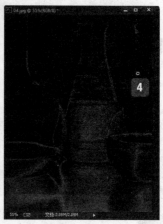

1 选择【滤镜】命令。

2 选择【风格化】命令。

3 选择【曝光过度】命令。

4 设置曝光过度后的效果。

8. 凸出

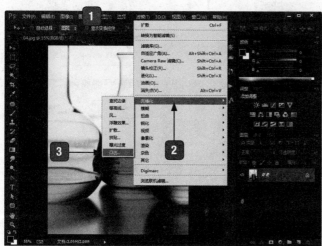
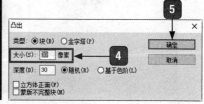

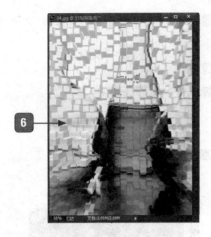

① 选择【滤镜】命令。

② 选择【风格化】命令。

③ 选择【凸出】命令。

④ 在打开的【凸出】对话框中设置凸出
大小为"30像素"。

⑤ 单击【确定】按钮。

⑥ 设置凸出后的效果。

9.5 【扭曲】滤镜特效

1. 波浪

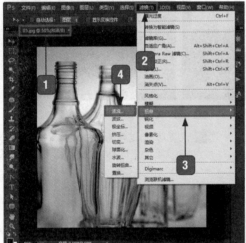

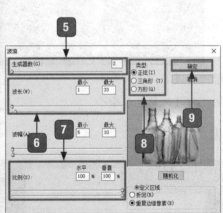

① 打开随书光盘中的"素材 \09\05.jpg"文件。

2 选择【滤镜】命令。

3 选择【扭曲】命令。

4 选择【波浪】命令。

5 在打开的【波浪】对话框中设置产生波纹效果的生成器数为"2"。

6 波长用来设置相邻两个波峰间的水平距离。

7 比例用来控制水平和垂直方向的波动幅度。

8 【正弦】【三角形】和【方形】分别设置产生波浪效果的形态。

9 单击【确定】按钮。

10 波浪的三种效果。

2. 波纹

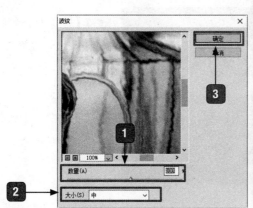

1 在【波纹】对话框中设置波纹的数量。

2 设置波纹的大小。

3 单击【确定】按钮。

4 设置波纹后的效果。

3. 极坐标

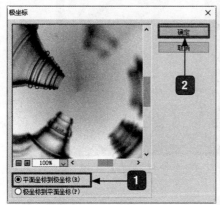

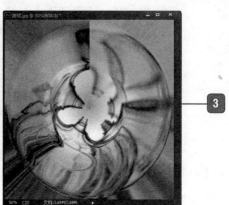

1 在【极坐标】对话框中选中【平面坐标到极坐标】单选按钮。

2 单击【确定】按钮。

3 设置极坐标后的效果。

4. 挤压

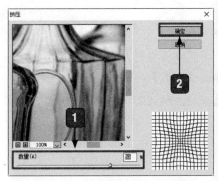 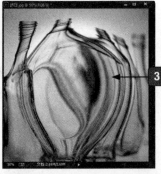

1 在【挤压】对话框中，如果数量为正值（最大值是 100%），则将选区向中心挤压。

2 单击【确定】按钮。

3 设置后的效果。

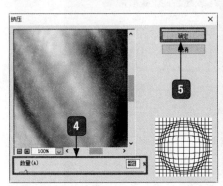 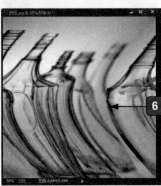

4 在【挤压】对话框中，如果数量为负值（最小值是-100%），则将选区向外挤压。

5 单击【确定】按钮。

6 设置后的效果。

5. 切变

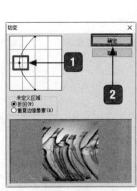 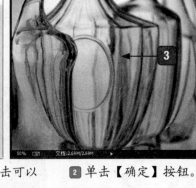

1 在【切变】对话框中的曲线上单击可以添加控制点，通过拖曳控制点改变曲线形状，即可扭曲图像。

2 单击【确定】按钮。

3 设置切变后的效果。

6. 球面化

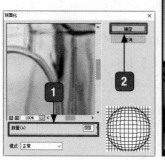

1 通过将选区折成球形、扭曲图像以适合选中的曲线，可以使图像产生 3D 效果。在【球面化】对话框中设置其参数。

2 单击【确定】按钮。

3 设置后的效果。

7. 水波

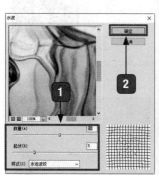

1 模拟水池的波纹，在图像中产生类似于向水池中投入石子后水面的变化形态，在【水波】对话框中设置其参数。

2 单击【确定】按钮。

3 设置后的效果。

8. 置换

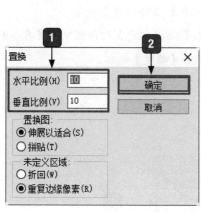

1 在【置换】对话框中设置置换的参数。

2 单击【确定】按钮。

3 在【选取一个置换图】对话框中选择一个置换文件，然后单击【打开】按钮。

4 设置后的效果。

9.6 【锐化】滤镜特效

1. USM 锐化效果

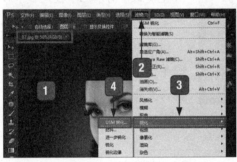

1 打开随书光盘中的"素材\09\07.jpg"文件。

2 选择【滤镜】命令。

3 选择【锐化】命令。

4 选择【USM 锐化】命令。

5 在【USM 锐化】对话框中设置其参数。

6 单击【确定】按钮。

7 设置后的效果。

2. 智能锐化效果

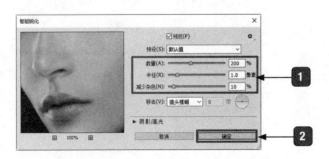

（1）【数量】：调整滑块，可以控制锐化的强度。

（2）【半径】：可以调整锐化效果半径的大小，决定边缘像素周围受锐化影响的锐化数量，半径越大，受影响的边缘就越宽，锐化的效果也就越明显。

（3）【减少杂色】：减少因锐化产生的杂色效果，加大值会较少锐化效果。

（4）【移去】：设置对图像进行锐化的锐化算法。"高斯模糊"是"USM 锐化"滤镜使用的方法；"镜头模糊"将检测图像中的边缘和细节；"动感模糊"尝试减少由于相机或主体移动而导致的模糊效果。

1 在【智能锐化】对话框中设置智能锐化的参数。

2 单击【确定】按钮。

3 设置智能锐化后的效果。

9.7 【模糊】滤镜特效

1. 动感模糊

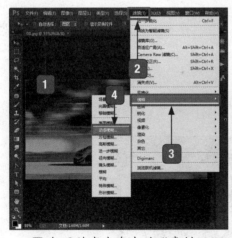

1 打开随书光盘中的"素材 \09\08.jpg"文件。

2 选择【滤镜】命令。

3 选择【模糊】命令。

4 选择【动感模糊】命令。

5 在【动感模糊】对话框中设置模糊的方向与像素移动的距离。

6 单击【确定】按钮。

7 设置动感模糊后的效果。

2. 表面模糊

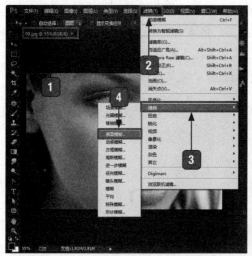

① 打开随书光盘中的"素材 \09\09.jpg"文件。

② 选择【滤镜】命令。

③ 选择【模糊】命令。

④ 选择【表面模糊】命令。

⑤ 在【表面模糊】对话框中以像素为单位，滑动滑块指定模糊取样区域半径的大小。

⑥ 以色阶为单位，控制相邻像素色调值与中心像素值相差多大时才能成为模糊的一部分。色调值相差小于阈值的像素不会被模糊。

⑦ 单击【确定】按钮。

⑧ 设置表面模糊后的效果。

3. 高斯模糊

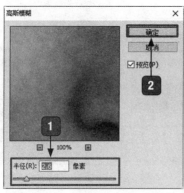

① 在【高斯模糊】对话框中设置高斯模糊的参数。

② 单击【确定】按钮。

③ 设置高斯模糊后的效果。

4. 径向模糊

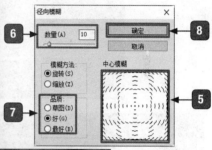

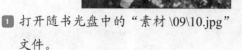
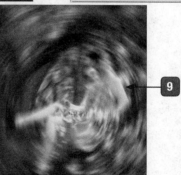

1️⃣ 打开随书光盘中的"素材 \09\10.jpg"
文件。

2️⃣ 选择【滤镜】命令。

3️⃣ 选择【模糊】命令。

4️⃣ 选择【径向模糊】命令。

5️⃣ 打开【径向模糊】对话框，在【中心
模糊】设置框内单击便可以将单击点
设置为模糊的原点，原点的位置不同，

模糊的效果也不同。

6️⃣ 数量可以控制模糊的强度，范围为
1 ～ 100，该值越高，模糊效果越强烈。

7️⃣ 品质分为【草图】【好】【最好】，
该参数用来设置应用模糊效果后图像
的显示品质。

8️⃣ 单击【确定】按钮。

9️⃣ 设置径向模糊的前后效果对比。

219

5. 场景模糊

① 打开随书光盘中的"素材 \09\11.jpg"
文件。

② 选择【滤镜】命令。

③ 选择【模糊】命令。

④ 选择【场景模糊】命令。

⑤ 通过增加多个模糊点分别调整照片的
模糊效果。

⑥ 单击【确定】按钮。

⑦ 设置场景模糊后的效果。

6.光圈模糊

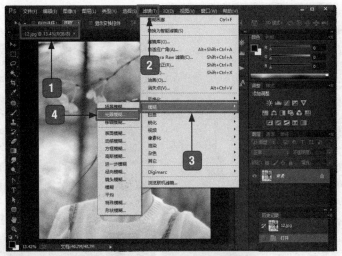

1️⃣ 打开随书光盘中的"素材 \09\12.jpg"
文件。

2️⃣ 选择【滤镜】命令。

3️⃣ 选择【模糊】命令。

4️⃣ 选择【光圈模糊】命令。

5️⃣ 可以通过移动控制点来设置模糊效
果,用户可以为一张图片添加多个光
圈模糊。

6️⃣ 单击【确定】按钮。

7️⃣ 设置光圈模糊后的效果。

221

7. 移轴模糊

1 打开随书光盘中的"素材 \09\13.jpg"文件。

2 选择【滤镜】命令。

3 选择【模糊】命令。

4 选择【移轴模糊】命令。

5 可以通过边框的控制点改变倾斜偏移的角度及效果的作用范围。

6 将边缘的两条虚线作为移轴模糊过渡的起始点，通过调整移轴范围设置模糊的起始点。

7 在移轴控制中心的控制点拖曳该点，可以调整移轴效果在照片上的位置及移轴形成模糊的强弱程度。

8 单击【确定】按钮。

9 可以看到应用移轴模糊之后的效果。

9.8 【渲染】滤镜特效

1. 分层云彩

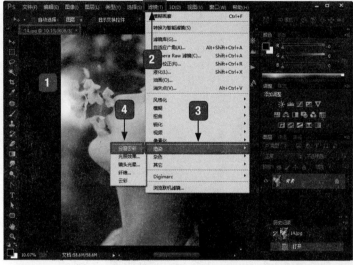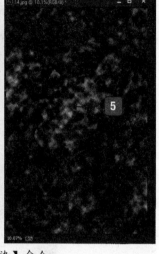

1️⃣ 打开随书光盘中的"素材\09\14.jpg"
文件。

2️⃣ 选择【滤镜】命令。

3️⃣ 选择【渲染】命令。

4️⃣ 选择【分层云彩】命令。

5️⃣ 设置分层云彩后的效果。

2. 光照效果

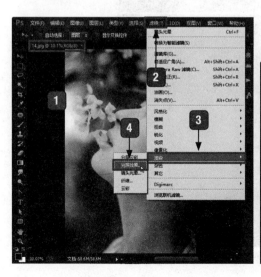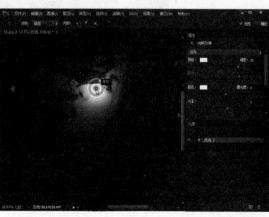

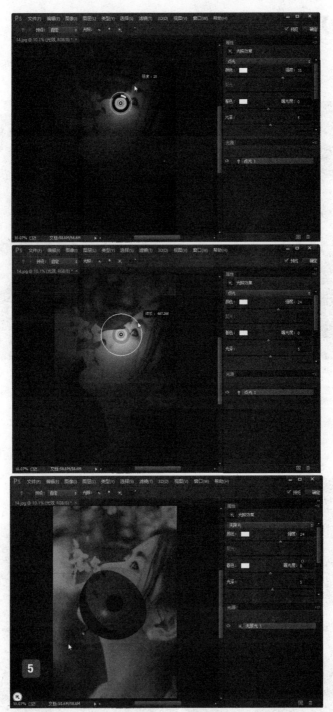

1 打开随书光盘中的"素材 \09\14.jpg"
　文件。

2 选择【滤镜】命令。

3 选择【渲染】命令。

4 选择【光照效果】命令。

5 设置光照后的最终效果。

3. 镜头光晕

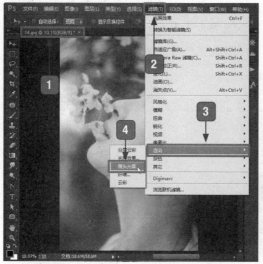

1 打开随书光盘中的"素材\09\14.jpg"文件。

2 选择【滤镜】命令。

3 选择【渲染】命令。

4 选择【镜头光晕】命令。

5 在【镜头光晕】对话框中设置亮度值为100%。

6 单击【确定】按钮。

7 设置镜头光晕后的效果。

4. 纤维

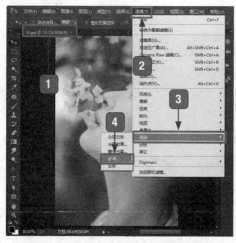

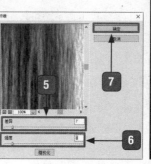

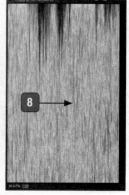

1 打开随书光盘中的"素材\09\14.jpg"文件。

2 选择【滤镜】命令。

3 选择【渲染】命令。

4 选择【纤维】命令。

5 在【纤维】对话框中【差异】用来设

置颜色的变化方式，该值较低时会产生较长的颜色条纹；该值较高时会产生较短的颜色分布变化更大的纤维。

⑥【强度】用来控制纤维的外观，该值

较低时会产生松散的织物效果，该值较高时会产生较短的绳状纤维。

⑦ 单击【确定】按钮。

⑧ 设置纤维后的最终效果。

9.9 【杂色】滤镜特效

1. 减少杂色

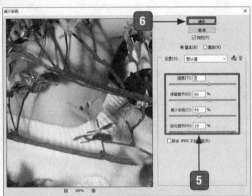

提示:

（1）设置：单击【存储当前设置的拷贝】按钮，可以将当前设置的调整参数保存为一个预设，以后需要使用该参数调整图像时，可在【设置】下拉列表中进行选择，从而对图像自动调整。如果要删除创建的自定义预设，可单击【删除当前设置】按钮。

（2）【强度】：用来控制应用于所有图像通道的亮度杂色减少量。

（3）【保留细节】：用来设置图像边缘和图像细节的保留程度。当该值为 100% 时，可保留大多数图像细节，但会将亮度杂色减到最少。

（4）【减少杂色】：用来消除随机的颜色像素，该值越高，减少的杂色越多。

（5）【锐化细节】：用来对图像进行锐化。

（6）【移去 JPEG 不自然感】复选框：选中该复选框可以去除由于使用低 JPEG 品质设置存储图像而导致的斑驳的图像伪像和光晕。

1. 打开随书光盘中的"素材\09\15.jpg"文件。

2. 选择【滤镜】命令。

3. 选择【杂色】命令。

4. 选择【减少杂色】命令。

5. 在【减少杂色】对话框中设置减少杂色的数值。

6. 单击【确定】按钮。

7. 设置减少杂色后的效果。

2. 蒙尘与划痕

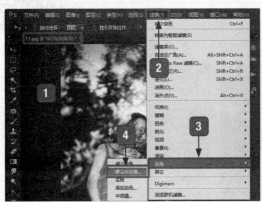

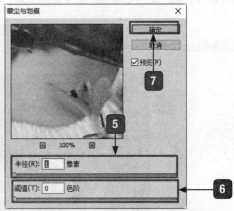

1. 打开随书光盘中的"素材\09\15.jpg"文件。

2. 选择【滤镜】命令。

3. 选择【杂色】命令。

4. 选择【蒙尘与划痕】命令。

5. 在【蒙尘与划痕】对话框中设置半径为"1"像素。

6. 设置阈值为"0"色阶。

7. 单击【确定】按钮。

8. 设置蒙尘与划痕后的效果。

> **提示:**
>
> 　　【蒙尘与划痕】滤镜对于去除扫描图像中的杂点和折痕特别有效。

227

> **提示：**
>
> （1）【去斑】滤镜可以检测图像边缘发生显著颜色变化的区域，并模糊出除边缘外的所有选区，消除图像中的斑点，同时保留细节。对于扫描的图像，可以使用该滤镜进行处理。
>
> （2）【添加杂色】滤镜可以将随机的像素应用于图像，模拟在高速胶片上的拍照效果。该滤镜可用来减少羽化选区或渐变填充中的条纹，使经过重大修饰的区域看起来更加真实。或者在一张空白图像上生成随机的杂点，制作成杂纹或其他底纹。
>
> （3）【中间值】滤镜通过混合选区中的像素的亮度来减少图像的杂色。该滤镜可以搜索像素选区的半径范围，以查找亮度相近的像素，扔掉与相邻像素差异太大的像素，并用搜索到的像素的中间亮度值替换中心像素，它在消除或减少图像的动感效果时非常有用。

9.10 外挂 Eye Candy 滤镜特效

1. 添加编织效果

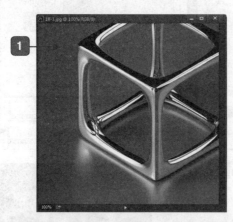

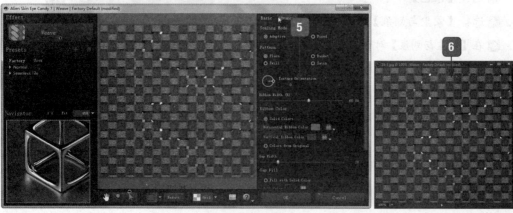

1️⃣ 打开随书光盘中的"素材 \09\17.jpg"文件。

2️⃣ 选择【滤镜】命令。

3️⃣ 选择【Alien Skin】命令。

4️⃣ 选择【Eye Candy 7】命令。

5️⃣ 在弹出的编织效果对话框中进行设置。

6️⃣ 编织效果。

2. 添加水珠效果

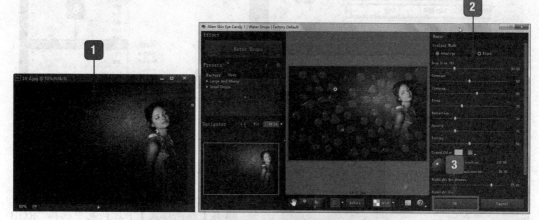

1️⃣ 打开随书光盘中的"素材 \09\18.jpg"文件。

2️⃣ 在弹出的水珠效果对话框中进行设置。

3️⃣ 单击【确定】按钮。

4️⃣ 水珠效果。

9.11 综合实战——用滤镜制作炫光空间

本节制作色彩绚丽的炫光空间背景,主要涉及"径向模糊"滤镜和"马赛克"滤镜。由于随机性比较强,每一次做的效果都可能有变化。

1. 新建文件

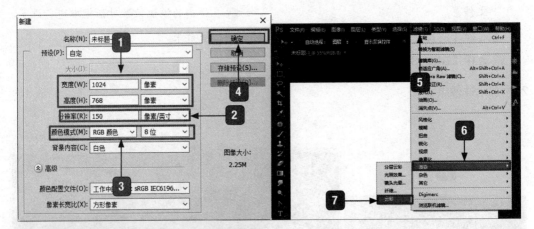

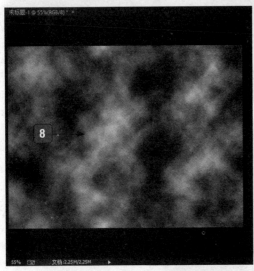

1 在【新建】对话框中设置文档的宽度
为"1024"像素，高度为"768"像素。

2 在【分辨率】文本框中输入"150"
像素/英寸。

3 在【颜色模式】下拉列表中选择"RGB
颜色"选项。

4 单击【确定】按钮。

5 选择【滤镜】命令。

6 选择【渲染】命令。

7 选择【云彩】命令。

8 设置好的效果。

2. 添加滤镜效果

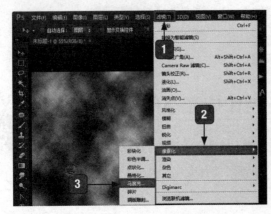

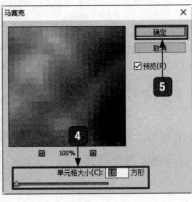

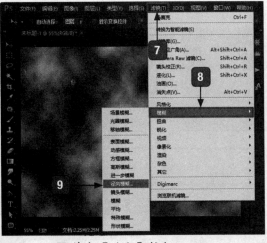

1 选择【滤镜】命令。

2 选择【像素化】命令。

3 选择【马赛克】命令。

4 在【马赛克】对话框中设置【单元格大小】为"10"。

5 单击【确定】按钮。

6 马赛克效果。

7 选择【滤镜】命令。

8 选择【模糊】命令。

9 选择【径向模糊】命令。

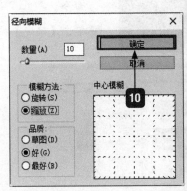

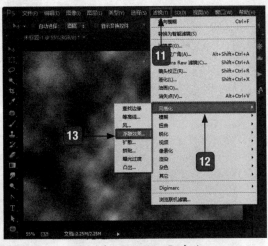

10 在【径向模糊】对话框中设置径向模糊各项参数,单击【确定】按钮。

11 选择【滤镜】命令。

12 选择【风格化】命令。

13 选择【浮雕效果】命令。

231

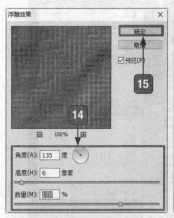

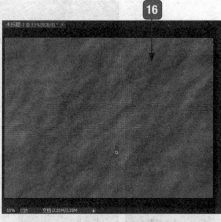

14 在【浮雕效果】对话框中设置各项参数。

15 单击【确定】按钮。

16 设置的浮雕效果。

17 选择【滤镜】命令。

18 选择【滤镜库】命令。

19 在弹出的界面中选择【画笔描边】命令。

20 选择【强化的边缘】命令。

21 单击【确定】按钮。

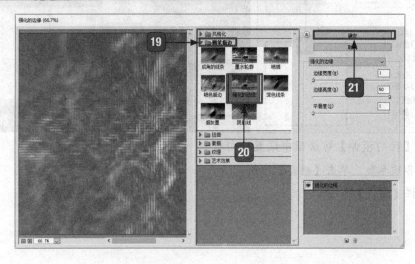

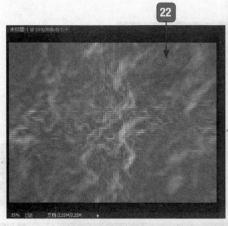

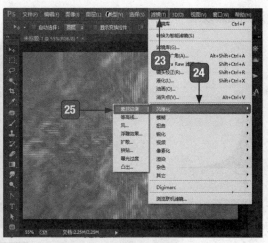

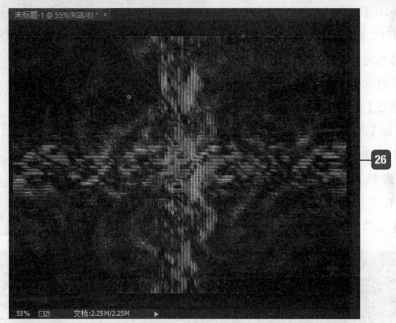

22 设置后的效果。

23 选择【滤镜】命令。

24 选择【风格化】命令。

25 选择【查找边缘】命令。

26 设置后的最终效果。

233

3.添加炫彩效果

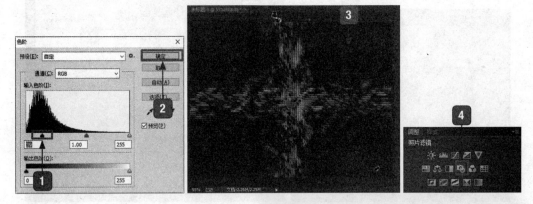

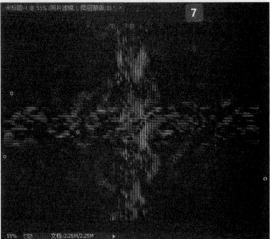

1️⃣ 按【Ctrl+L】组合键打开【色阶】对话框，
将"阴影"滑块向右拖动，使图像变暗。

2️⃣ 单击【确定】按钮。

3️⃣ 设置后的效果。

4️⃣ 在【调整】面板
中单击【照片
滤镜】按钮。

5️⃣ 在【滤镜】下
拉列表中选择
【紫】选项。

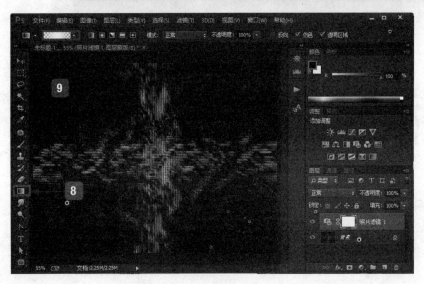

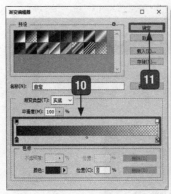

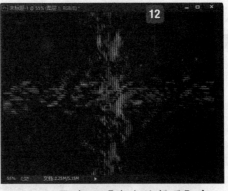

6 设置"浓度"为100%。

7 设置好的效果。

8 单击工具箱中的【渐变工具】按钮。

9 单击【点按可编辑渐变】按钮。

10 打开【渐变编辑器】窗口，设置渐变颜色。

11 单击【确定】按钮。

12 设置后的最终效果。

痛点解析

痛点：如何使用联机滤镜

小白：大神，我想给图像上加的滤镜 Photoshop 中没有，怎么办呢？

大神：这个简单，我们可以去网上下载各种效果的滤镜呀。

小白：哇，Photoshop 太强大了，还有这样的效果！

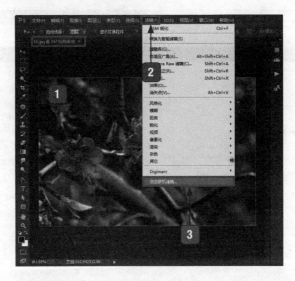

235

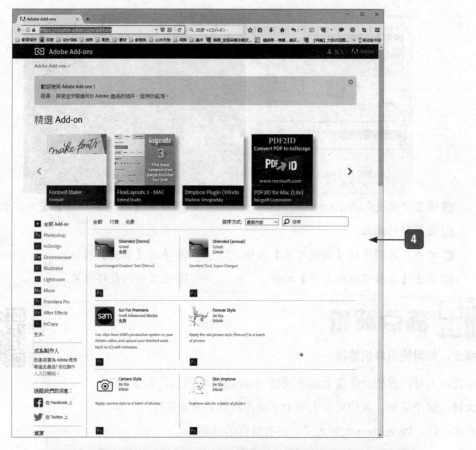

1 打开随书光盘中的"素材 \09\16.jpg"文件。

2 选择【滤镜】命令。

3 选择【浏览联机滤镜】命令。

4 即可打开联机滤镜网页，用户可以在这里选择需要的滤镜。

5 单击即可打开该滤镜的页面。

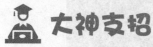 大神支招

使用滤镜给照片去噪的操作步骤如下。

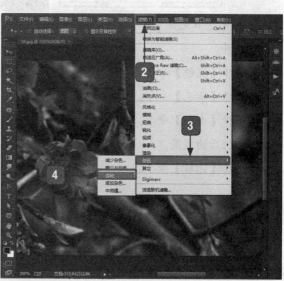

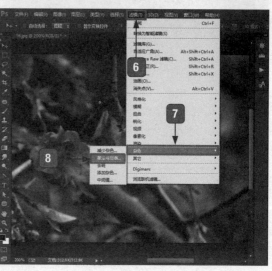

237

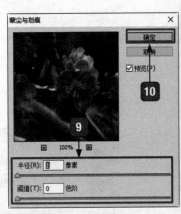

1 打开随书光盘中的"素材 \09\16.jpg"文件。

2 选择【滤镜】命令。

3 选择【杂色】命令。

4 选择【去斑】命令。

5 去斑后的效果。

6 选择【滤镜】命令。

7 选择【杂色】命令。

8 选择【蒙尘与划痕】命令。

9 在【蒙尘与划痕】对话框中设置【半径】为"1"像素。

10 单击【确定】按钮。

11 最终效果。

第 10 章

Photoshop CC 在照片处理中的应用

>>> 觉得自己的照片不漂亮，怎么办？

>>> 想把自己的写真照片修得更加漂亮、动人吗？

>>> 有很多旧照片颜色越来越淡，并且有脏污，想知道怎样让它们焕然一新吗？

这一章就来告诉你 Photoshop CC 处理照片的秘诀！

10.1 人物照片处理

本小节主要介绍如何处理人物照片效果，包括双眼的放大、脸型的修改等。

1. 美化双瞳

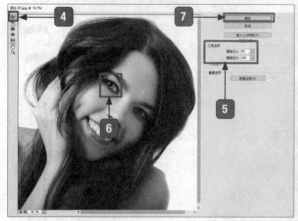

① 打开随书光盘中的"素材 \10\01.jpg"文件。

② 选择【滤镜】命令。

③ 选择【液化】命令。

④ 单击【向前变形工具】按钮。

⑤ 设置【画笔大小】为"50"，【画笔压力】为"100"。

⑥ 使用鼠标在眼睛的位置从中间向外拉伸。

⑦ 单击【确定】按钮。

⑧ 小眼睛变迷人大眼睛的最终效果图。

2. 修改脸型

 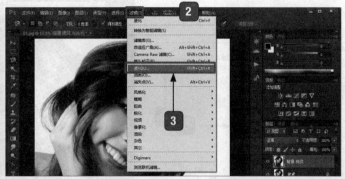

1 在【图层】面板中新建【背景 拷贝】图层。　　**5** 设置【画笔大小】与【画笔压力】。

2 选择【滤镜】命令。　　**6** 调整脸型，得到自己想要的效果。

3 选择【液化】命令。　　**7** 单击【确定】按钮。

4 单击【向前变形工具】按钮。　　**8** 修改脸型后的效果。

3. 为照片添加效果

 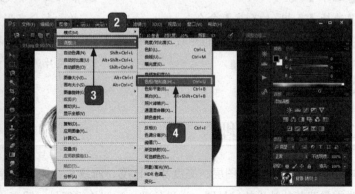

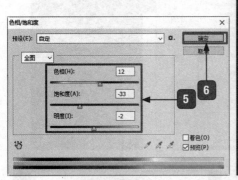

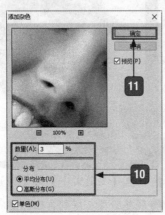

1️⃣ 再次复制背景图层,得到【背景 拷贝 2】图层。

2️⃣ 选择【滤镜】命令。

3️⃣ 选择【调整】命令。

4️⃣ 选择【色相/饱和度】命令。

5️⃣ 在【色相/饱和度】对话框中设置色相、饱和度与明度的数值。

6️⃣ 单击【确定】按钮。

7️⃣ 选择【滤镜】命令。

8️⃣ 选择【杂色】命令。

9️⃣ 选择【添加杂色】命令。

🔟 在【添加杂色】对话框中设置杂色的数量和分布形式。

⑪ 单击【确定】按钮。

⑫ 为照片添加的效果。

10.2 风景照片处理

　　本小节主要使用复制图层、亮度和对比度、曲线和叠加模式等命令处理一张带有雾蒙蒙的效果的风景图,通过处理,让照片重新显示明亮、清晰的效果。

1. 复制图层

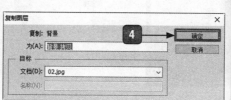

1️⃣ 打开随书光盘中的"素材\10\02.jpg"
文件。

2️⃣ 选择【图层】命令。

3️⃣ 选择【复制图层】命令。

4️⃣ 打开【复制图层】对话框，单击【确定】
按钮。

5️⃣ 即可复制该图层。

2. 添加【高反差保留】效果

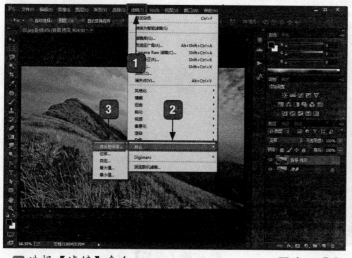

243

1️⃣ 选择【滤镜】命令。

2️⃣ 选择【其他】命令。

3️⃣ 选择【高反差保留】命令。

4️⃣ 打开【高反差保留】对话框，在【半径】
文本框中输入"5"像素。

5️⃣ 单击【确定】按钮。

3. 调整亮度和对比度

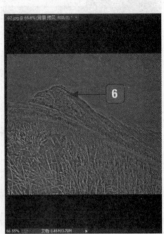

1 选择【图像】命令。

2 选择【调整】命令。

3 选择【亮度/对比度】命令。

4 打开【亮度/对比度】对话框，设置【亮

度】为"-10"、【对比度】为"30"。

5 单击【确定】按钮。

6 调整亮度和对比度的效果。

4. 设置叠加模式和曲线

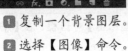

1 复制一个背景图层。

2 选择【图像】命令。

3 选择【调整】命令。

4 选择【曲线】命令。

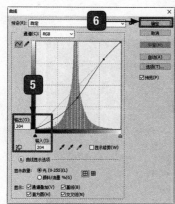

5 在打开的【曲线】对话框中设置输入
  和输出参数。

6 单击【确定】按钮。

7 设置叠加模式和曲线后的效果。

10.3 婚纱照片处理

　　本小节主要使用 Photoshop CC【动作】面板中自带的命令为婚纱照片添加木质画框的效果。

1. 打开素材

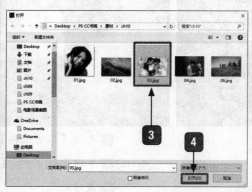

1 选择【文件】命令。

2 选择【打开】命令。

3 选择随书光盘中的"素材 \10\03.jpg"
  文件。

4 单击【打开】按钮。

5 即可打开该文件。

245

2. 使用【动作】面板

1 选择【窗口】命令。   4 选择【木质画框】选项。

2 选择【动作】命令。   5 单击面板下方的【播放选定动作】按钮。

3 即可打开【动作】面板。   6 最终效果。

10.4 写真照片处理

本小节主要使用 Photoshop CC【动作】面板中自带的命令将艺术照快速设置为棕褐色照片。

1. 打开素材

1 选择【文件】命令。

2 选择【打开】命令。

3 选择随书光盘中的"素材\10\04.jpg"文件。

4 单击【打开】按钮。

5 即可打开该文件。

2. 使用【动作】面板

<table>
<tr><td colspan="2">提示:
在 Photoshop CC 中，【动作】面板可以快速为照片设置理想的效果，用户也可以新建动作，为以后快速处理照片准备条件。</td></tr>
</table>

1 选择【窗口】命令。 层）】选项。

2 选择【动作】命令。 **4** 单击【播放选定动作】按钮。

3 在【动作】面板中选择【棕褐色调（图 **5** 最终效果。

10.5 中老年照片处理

本小节主要使用【污点修复画笔工具】和【调整】命令等处理旧照片。

1. 打开素材

1 选择【文件】命令。

2 选择【打开】命令。

3 选择随书光盘中的"素材 \10\05.jpg" 文件。

4 单击【打开】按钮。

5 即可打开该文件。

2. 修复划痕

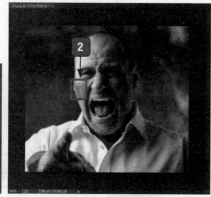

1 选择【污点修复画笔工具】，并在参 数设置栏中进行参数设置。

2 将鼠标指针移到需要修复的位置。

3 在需要修复的位置单击即可修复划痕。

3. 调整色彩

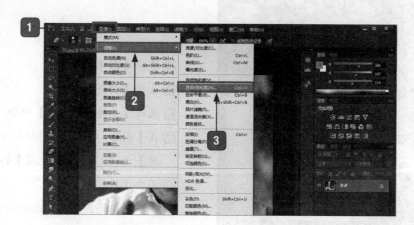

1 选择【图像】命令。

2 选择【调整】命令。

3 选择【色相 / 饱和度】命令。

4 在【色相 / 饱和度】对话框中设置【色

相】为"5"，【饱和度】为"30"。

5 单击【确定】按钮。

6 调整后的效果。

4. 调整图像亮度和对比度

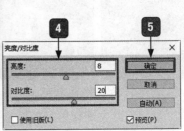

1 选择【图像】命令。

2 选择【调整】命令。

3 选择【亮度 / 对比度】命令。

4 在【亮度 / 对比度】对话框中设置【亮

度】为"8"，【对比度】为"20"。

5 单击【确定】按钮。

6 调整图像亮度和对比度后的效果。

5. 调整图像饱和度

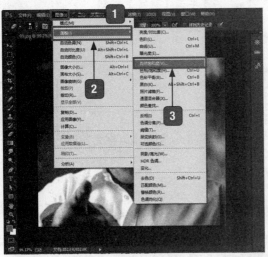

1. 选择【图像】命令。

2. 选择【调整】命令。

3. 选择【自然饱和度】命令。

4. 在【自然饱和度】对话框中设置图像的【自然饱和度】为"50"。

5. 单击【确定】按钮。

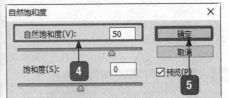

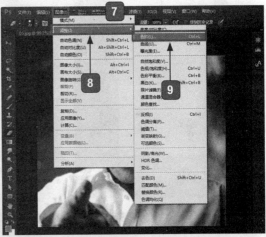

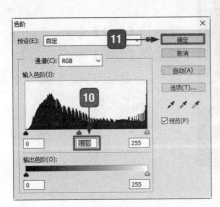

6 调整自然饱和度后的效果。

7 选择【图像】命令。

8 选择【调整】命令。

9 选择【色阶】命令。

10 在【色阶】对话框中调整色阶参数。

11 单击【确定】按钮。

12 最终效果。

10.6 儿童照片处理

本小节主要是利用【标尺工具】【裁剪工具】等将儿童照片调整为趣味十足的倾斜照片效果。

1. 打开素材

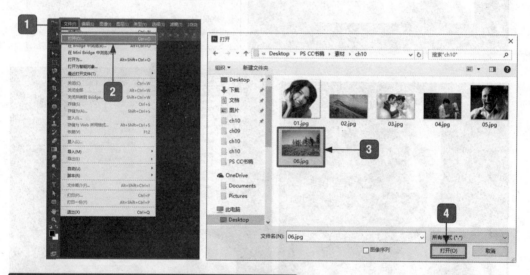

1 选择【文件】命令。

2 选择【打开】命令。

3 选择随书光盘中的"素材\10\06.jpg"文件。

4 单击【打开】按钮。

5 即可打开该文件。

2. 选择【标尺工具】

1️⃣ 单击工具箱中的【标尺工具】按钮。

2️⃣ 在画面的底部拖曳出一条倾斜的度量线。

3️⃣ 选择【窗口】命令。

4️⃣ 选择【信息】命令。

5️⃣ 即可打开【信息】面板。

3. 调整参数

1 选择【图像】命令。

2 选择【图像旋转】命令。

3 选择【任意角度】命令。

4 在【旋转画布】对话框中
设置【角度】为"20.1"。

5 单击【确定】按钮。

6 即可旋转图像。

4. 裁剪图像

1 单击工具箱中的【裁剪工具】按钮。

2 在图像中拖曳出要保留的区域，以高
亮显示，然后按【Enter】键。

3 最终效果。

11

Chapter

第11章

Photoshop CC在艺术设计中的应用

>>> 怎样可以做出有创意的广告设计呢？

>>> 怎样可以做出吸人眼球的海报设计呢？

>>> 怎样做出生动的包装盒呢？

这一章就来告诉你 Photoshop CC 实际案例的操作技巧！

11.1 广告设计

　　本实例主要使用【矩形选框工具】【加深工具】【移动】和【填充】等工具来设计一幅整体要求大气高雅、符合成功人士喜好的房地产广告。

1. 新建文件

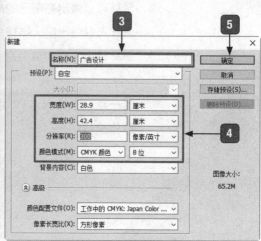

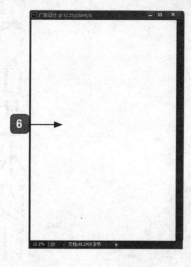

1 选择【文件】命令。

2 选择【新建】命令。

3 在【新建】对话框中设置文件名称为"广告设计"。

4 设置大小为"28.9 厘米 ×42.4 厘米"、分辨率为"300 像素 / 英寸"，颜色模式为"CMYK 颜色"。

5 单击【确定】按钮。

6 即可创建一个空白文档。

2.填充背景

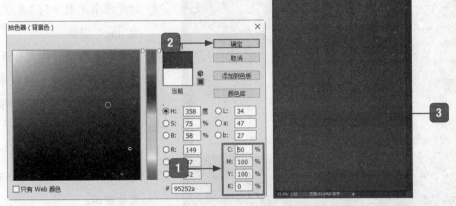

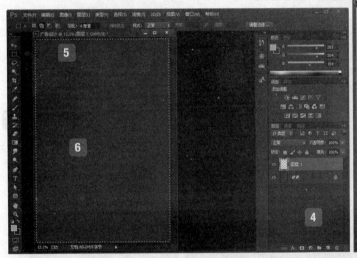

① 在工具箱中单击【设置背景色】按钮，在【拾色器（背景色）】对话框中设置颜色（C：50，M：100，Y：100，K：0）。

② 单击【确定】按钮。

③ 按【Ctrl+Delete】组合键填充。

④ 新建【图层1】图层。

⑤ 单击工具箱中的【矩形选框工具】按钮。

⑥ 创建一个矩形选区。

⑦ 填充土黄色（C：25，M：15，Y：45，K：0）。

3.插入素材

1 打开随书光盘中的"素材\ch11\天空.jpg"图像。

2 将天空素材图片拖入背景中。

3 按【Ctrl+T】组合键执行【自由变换】命令将素材图片调整到合适的位置。

4 单击【图层1】前面的缩略图创建选区,然后反选删除不需要的天空图像。

5 单击工具箱中的【矩形选框工具】按钮。

7 删除天空图像后的效果。

6 在下方创建一个矩形选区。

4. 调整色调

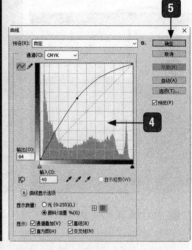

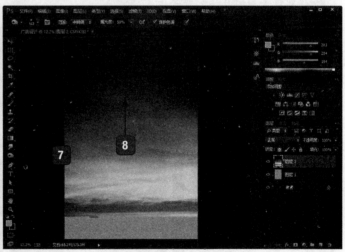

1️⃣ 选择【图像】命令。

2️⃣ 选择【调整】命令。

3️⃣ 选择【曲线】命令。

4️⃣ 在【曲线】对话框中调整天空图层的
　　亮度和对比度。

5️⃣ 单击【确定】按钮。

6️⃣ 调整后的效果。

7️⃣ 单击工具箱中的【加深工具】按钮。

8️⃣ 对天空上部分图像进行加深处理。

5. 使用素材文件

1️⃣ 打开随书光盘中的"素材 \11\ 别墅 . psd"
文件。

2️⃣ 将别墅素材图片拖入背景中。

3️⃣ 按【Ctrl+T】组合键执行【自由变换】
命令并将其调整到合适的位置。

4️⃣ 打开随书光盘中的"素材 \ch11\ 鸽
子 .psd"图像。

5️⃣ 按【Ctrl+T】组合键执行【自由变换】
命令并将其调整到合适的位置和大小。

6️⃣ 将该别墅和鸽子图层的图层不透明度
分别设置为"95%"和"90%",使图
像和背景有一定的融合。

6. 添加广告文字

1. 打开随书光盘中的"素材\ch11\文字01.psd、文字02.psd"文件。

2. 将文字01.psd和文字02.psd素材图片拖入背景中,按下【Ctrl+T】组合键执行【自由变换】命令,将它们调整到合适的位置。

7. 添加广告标志

1. 打开随书光盘中的"素材\ch11\标志2.psd"文件。

2. 将标志2.psd素材图片拖入背景中,然后按下【Ctrl+T】组合键执行【自由变换】命令,将其调整到合适的位置。

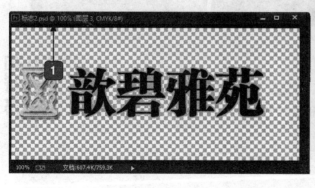

8. 添加公司地址和宣传图片

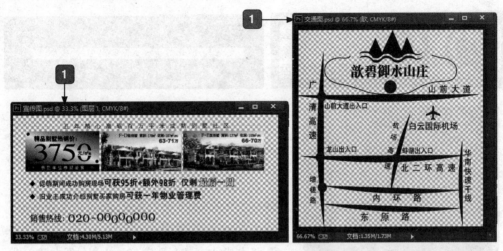

1. 打开随书光盘中的"素材 \ch11\ 宣传图 .psd、交通图 .psd、公司地址 .psd"文件。

2. 将宣传图 .psd、交通图 .psd 和公司地址 .psd 素材图片拖入背景中，然后按下【Ctrl+T】组合键执行【自由变换】命令并将其调整到合适的位置，至此一幅完整的房地产广告就做好了。

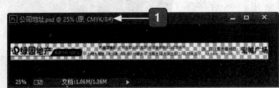

11.2 海报设计

本实例主要使用【钢笔工具】和【渐变工具】来制作一张具有时尚感的饮料海报。

1. 新建文件

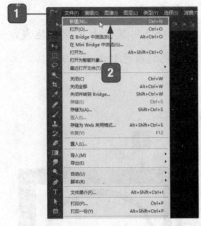 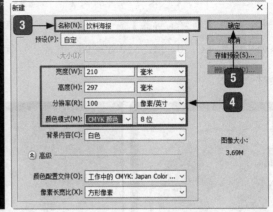

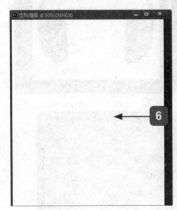

1 选择【文件】命令。

2 选择【新建】命令。

3 在【新建】对话框中设置文件名称为"饮料海报"。

4 设置大小为"210毫米×297毫米"、分辨率为"100 像素/英寸",颜色模式为"CMYK颜色"。

5 单击【确定】按钮。

6 即可创建一个空白文档。

2. 设置渐变

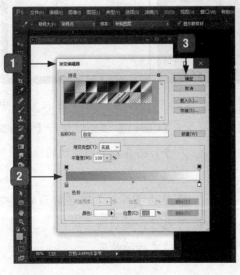 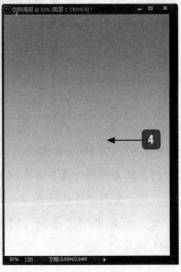

263

1 单击工具箱中的【渐变工具】，单击
工具选项栏中的【点按可编辑渐变】
按钮，打开【渐变编辑器】窗口。

2 添加从橙色（C：0，M：55，Y：90，

K：0）到白色的渐变颜色。

3 单击【确定】按钮。

4 在画面中使用鼠标由上至下拖曳，进
行从橙色到白色的渐变填充。

3. 使用素材

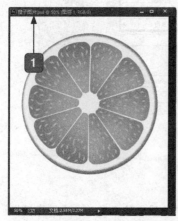

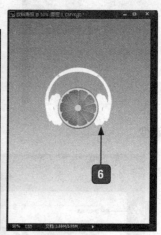

1 打开随书光盘中的"素材\ch11\橙子
图片.psd"图像。

2 将橙子素材图片拖入背景中，按下
【Ctrl+T】组合键执行【自由变换】命
令，并将其调整到合适的位置与大小。

3 打开随书光盘中的"素材\ch11\耳
机.psd"图像。

4 将耳机素材图片拖入背景中，按下
【Ctrl+T】组合键执行【自由变换】命
令，将其调整到合适的位置，并调整图
层顺序。

5 单击【耳机】图层前面的缩略图创建
选区，然后填充白色。

6 填充后的效果。

4. 添加素材图片

1 打开随书光盘中的"素材\ch11\饮料盒.psd、商标.psd"文件。

2 将素材图片拖入背景中，按下【Ctrl+T】组合键执行【自由变换】命令，将其调整到
合适的位置，并调整图层顺序。

5. 绘制细节

 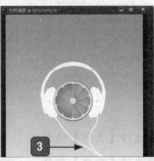

1 新建一个图层，选择【钢笔工具】。

2 设置画笔【大小】为5像素，【硬
度】为100%。

3 设置前景色为白色，然后在耳机和
饮料盒之间绘制一根耳机线。

4 将橙子图像调大一些，然后
单击【耳机】图层前面的
缩略图创建选区。

5 删除选区内橙子的图像，
按【Ctrl+D】组合键取消选
区，即可看到最终的效果。

> **提示：**
> 　　在产品海报的设计上，读者应根据不同的产品来定位整个海报的主题颜色、字体类型及版式排列，如女性化妆品的整体色彩应该是时尚、雅致，字体柔和，而食品的海报则是鲜艳、干净的，并且字体醒目。

11.3 包装设计

　　本小节主要学习如何综合运用各种工具来设计包装设计，下面来介绍包装设计处理的方法和思路，以及通常使用的工具等。

1. 新建文件

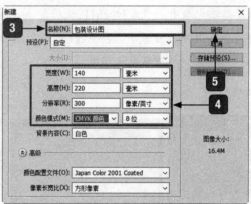

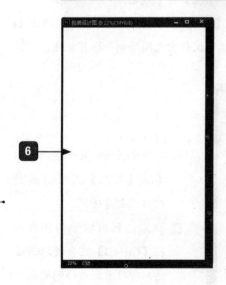

1 选择【文件】命令。

2 选择【新建】命令。

3 在【新建】对话框中设置文件名称为"包装设计图"。

4 设置大小为"140 毫米 ×220 毫米"、分辨率为"300 像素 / 英寸"，颜色模式为"CMYK 颜色"。

5 单击【确定】按钮。

6 即可创建一个空白文档。

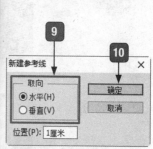

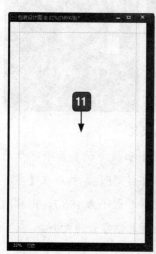

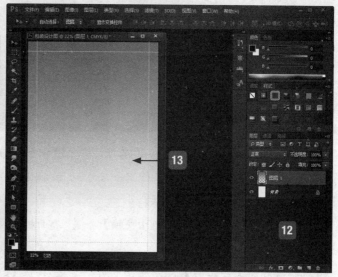

7 选择【视图】命令。

8 选择【新建参考线】命令。

9 在【新建参考线】对话框中的水平
1cm 位置新建参考线。

10 单击【确定】按钮。

11 分别在水平 1cm 和 21cm，垂直 1cm
和 13cm 位置新建参考线。

12 新建【图层 1】图层。

13 为该图层填充一个从淡绿色（C：69、M：
0、Y：99、K：0），到白色的渐变色，
渐变设置为 0% 与 100% 位置。

2. 使用素材文件并输入文字

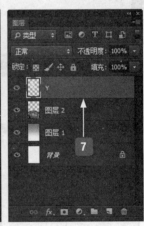

1 打开光盘"素材\ch11\水果.psd"文件，将其复制至"包装效果"文件中，文件将自动生成【图层2】图层。

2 按【Ctrl+T】组合键执行【自由变换】命令调整图案到适当的大小。

3 选择【横排文字工具】，分别在不同的图层中输入英文字母"F R U C D Y"。

4 进行【字符】设置，将字体颜色设置为白色。

5 设置后的效果。

6 在【图层】面板中调整各个字母的位置，选取字母"F"，然后在【字符】面板中设置其大小为196.7，用相同的方法来设置其他字母的大小。

7 按住【Ctrl】键，在【图层】面板上选择所有的字母图层，再按【Ctrl+E】组合键执行【合并图层】命令合并所有字母图层。

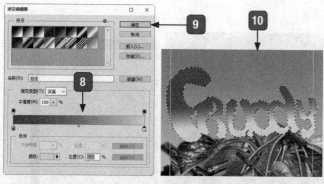
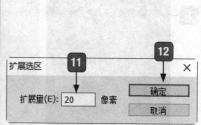

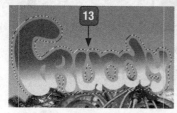
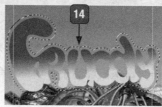

8 渐变设置为 0%与 100%位置，渐变颜色从（C: 0, M: 100, Y: 100, K: 0, ）到（C: 0, M: 0, Y: 100, K: 0）。

9 单击【确定】按钮。

10 应用填充后的效果。

11 选择【选择】→【修改】→【扩展】命令打开【扩展选区】对话框，设置【扩展量】为"20"像素。

12 单击【确定】按钮。

13 扩展选区的效果。

14 可以利于【魔棒工具】加选选区。

15 在【图层】面板上新建一个图层，并填充为"蓝色"。

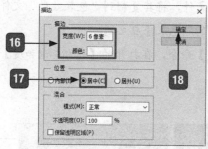

16 选择蓝色底纹图层，选择【编辑】→【描边】命令，打开【描边】对话框，设置描边宽度为"6像素"，颜色为"白"。

17 选中【居中】单选按钮。

18 单击【确定】按钮。

19 用同样的方式为字母也描上白色的边框，宽度设置为"3像素"，即可得到最终效果。

3. 调入商标素材

1️⃣ 将底纹和字母图层进行合并，然后选择【文字工具】，输入英文字母 "FRUITCANDR"。
在【字符】面板中进行 "字符" 设置，字体颜色设置为白色。

2️⃣ 在【图层】面板中将两个字母图层同时选中来调整方向，使主体更加具有冲击力。

3️⃣ 打开随书光盘中的 "素材\ch11\标志.psd" 文件。

  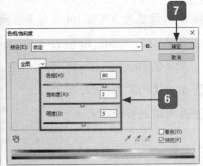

4️⃣ 将其拖动到 "包装效果" 文件中，调整到适当的大小和位置。

5️⃣ 打开随书光盘中的 "素材\ch11\果汁.psd" 文件，将其复制到 "包装效果" 文件中，
调整到适当的大小和位置后，然后调整果汁的颜色来呼应主题。

6️⃣ 选择【图像】→【调整】→【色相/饱和度】命令，在打开的【色相/饱和度】对话
框中进行参数设置。

7️⃣ 单击【确定】按钮。

8 设置后的效果。

9 选择【横排文字工具】，分别输入"超级水果糖"等内容，中文字体为"幼圆"，大小设置为"20点"，英文字大小为"9点"，颜色均为"红色"。

10 设置后的效果。

11 继续使用文字工具来输入其他的文字内容，设置"NET"等文字，字体为"黑体"，大小为"10点"、颜色为"黄色"。

12 设置"THE TRAD"等字体颜色为"红色"，大小为"12点"。

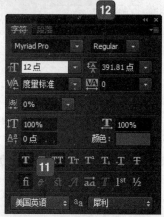

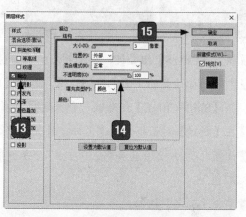

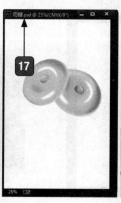

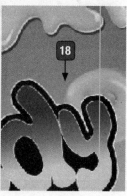

13 双击文字图层，即可打开【图层样式】对话框，选中【描边】复选框。

14 设置描边的结构参数。

15 单击【确定】按钮。

16 设置描边的效果。

17 打开"光盘\素材\ch14\奶糖.psd"文件，将其复制到"包装效果"文件中。

18 调整到适当的大小和位置后，然后调整奶糖的不透明度，使主次分明，在【图层】面板中设置其不透明度为"74%"，即可看到最终效果。

4. 制作立体效果

  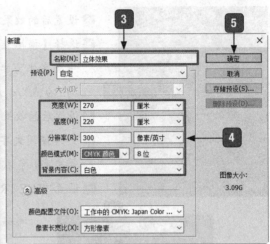

1️⃣ 按下【Ctrl+S】组合键，将绘制好的正面包装效果文件保存。

2️⃣ 打开前面绘制的正面平面展开图，选择【图像】→【复制】命令对图像进行复制，按下【Shift+Ctrl+E】组合键，合并复制图像中的可见图层。

3️⃣ 在【新建】对话框中新建文件，设置文件名称为"立体效果"。

4️⃣ 设置大小为"270厘米×220厘米"、分辨率为"300像素/英寸"，颜色模式为"CMYK颜色"。

5️⃣ 单击【确定】按钮。

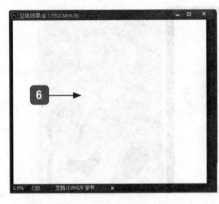  

6️⃣ 即可创建一个空白文档。

7️⃣ 将包装的正面效果图像复制到新建文件中，调整到适当的大小。

8️⃣ 选择【矩形选框工具】，在包装袋的左上侧选择撕口部分，再按【Delete】键删除选区部分，同理绘制右侧撕口。

9 在【图层】面板上单击【创建新图层】按钮，新建一个图层，使用【钢笔工具】绘制一个工作路径。

10 在【路径】面板中单击【将路径作为选区载入】按钮。

11 将路径转化为选区。

12 将选区填充为黑色。

13 在【图层】面板中设置该图层的不透明度为"20%"。

14 使用【橡皮擦工具】在图像左下方进行涂抹。

15 使用同样的操作方法绘制包装袋其他位置上的明暗效果，即可看到设置后的最终效果。

273

5. 制作投影效果

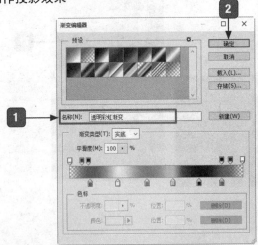

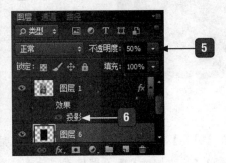

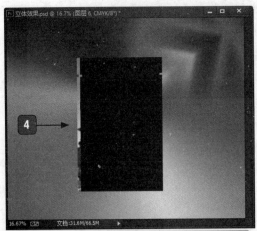

1 选择【背景图层】，在【渐变编辑器】对话框中为其填充预设的"透明彩虹渐变"。

2 单击【确定】按钮。

3 使用"角度渐变"方式进行填充得到的效果。

4 新建一个图层，将绘制好的包装复制一个，使用黑色进行填充，对其应用半径值为"3"的羽化效果。

5 将图层不透明度设置为"50%"。

6 调整图层位置，把【投影图层】移动到【图层1】的下方。

7 完成后对图像进行保存即可。